FASHION FORWARD
A Guide to Fashion for Forecasting

Chelsea Rousso
Nancy Kaplan Ostroff

时尚流行趋势预测

[美] 切尔西·鲁索斯　　[美] 南希·卡普兰·奥斯特罗夫　著

江影　吕迎蕊　译

东华大学出版社

·上海·

图书在版编目（CIP）数据

时尚流行趋势预测 / (美) 切尔西·鲁索斯, (美)
南希·卡普兰·奥斯特罗夫著 ; 江影, 吕迎蕊译. -- 上
海 : 东华大学出版社, 2024.3
    ISBN 978-7-5669-2337-0

    Ⅰ. ①时… Ⅱ. ①切… ②南… ③江… ④吕… Ⅲ.
①服饰美学 Ⅳ. ①TS941.11

    中国国家版本馆CIP数据核字(2024)第040122号

Fashion Forward: A Guide to Fashion for Forecasting, 2nd edition
by Chelsea Rousso and Nancy Kaplan Ostroff
Copyright © 2016 by Bloomsbury Publishing Inc.
Simplified Chinese Edition
Copyright © 2024 by Donghua University Press Co.,Ltd
published by arrangement with Bloomsbury Publishing Inc.

策 划 编 辑： 徐 建 红
          谢   未
责 任 编 辑： 刘   宇
书 籍 设 计： 东华时尚

出   版： 东华大学出版社（地址：上海市延安西路1882号 邮编：200051）
本 社 网 址： dhupress.dhu.edu.cn
天猫旗舰店： dhdx.tmall.com
销 售 中 心： 021-62193056 62373056 62379558
印   刷： 上海颛辉印刷厂有限公司
开   本： 889mm×1194mm 1/16
印   张： 12.25
字   数： 430千字
版   次： 2024年3月第1版
印   次： 2024年3月第1次
书   号： ISBN 978-7-5669-2337-0
定   价： 198.00元

致 谢

我们要对许多人、那些预测公司和其他行业机构表达谢意，本书第二版的出版离不开他们的帮助。作为时尚界代表人物的行业专家们慷慨地为我们付出了时间、提供了信息以及传达了鼓励。我们感谢所有支持这个项目的人，感谢他们的深刻见解和提供的信息。

Itay Arad —— 首席执行官和联合创始人，Fashion Snoops

Carla Buzasi —— 全球首席内容官，WGSN

Lilly Berelovich —— 创始人、总裁和首席创意官，Fashion Snoops

Joe Callahan —— 市场部高级总监，First Insight

Mersina DaCunha —— 汤米·希尔费格公司童装销售与设计副总裁，全球品牌

Julia Fowler —— 联合创始人，Edited

Sarah Hoit —— 高级材料科学家，Material ConneXion。

Loreta Kazakeitis —— 时尚副总监，Ross Stores

Jeanine Milillo —— 管理总监，PeclersParis

Karen Moon —— 联合创始人兼首席执行官，Trendalytics

Roseanne Morrison —— 女装和成衣时尚总监，Doneger 创意服务

Alexandria Oliveri —— 创始人，Antoinette

Laurie Pressman —— 副总裁，Pantone色彩研究所

Jamie Ross —— 时尚总监，Doneger 创意服务

Ajoy Sakar —— 助理教授，纺织品开发与营销，纽约时装学院

Dr. Valerie Steele —— 纽约时装学院博物馆馆长兼首席策展人

Pat Tunsky —— 创意总监，Doneger 创意服务

David Wolfe —— 创意总监，Doneger 创意服务

我们也特别感谢Nancy在纽约时装学院的同事，他们提供了各自所在专业领域的宝贵材料。

Mark Higden，助理教授，插画师，thefashionistoprofessor.com，感谢他提供的美丽的街头风格插图。Lana Bittman和Marian Weston，FIT图书馆教员，以及Jeffrey Riman，助理教授，教学设计师，FIT卓越教学中心。

为这本书创作项目的学生们给予我们对时尚产业未来的很大希望，我们非常感谢他们热忱的工作。

本书的作者特别感谢家人在本书的研究和写作过程中一直给予的支持。Chelsea对她的孩子们Derek和Clay Rousso表示感谢；Nancy对她的丈夫Richard Ostroff，以及她的孩子们Samara 和 Michelle Ostroff表示感谢；Nancy还要感谢Chelsea Rousso，她使这本书的合作编写成为一个美妙的过程。

——Chelsea Rousso and Nancy Kaplan Ostroff

出版商希望对参与本书出版的编辑团队表示感谢。

策划编辑: Amanda Breccia

开发编辑: Corey Kahn

艺术开发编辑: Edie Weinberg

内部设计师: Eleanor Rose

产品经理: Claire Cooper

项目经理: Refinecatch

作者简介

　　Chelsea Rousso是劳德代尔堡艺术学院时装设计与营销专业的教授，并在工作室教授炉烧浮雕玻璃技艺，拥有普瑞特艺术学院的时装设计学士学位和戈达德学院的跨学科艺术硕士学位。她曾在纽约时装界工作了超过20年，就职于礼服和女士运动装制造企业，她工作过的企业从初创公司到成功的公司，以及价值数百万美元的组织，包括Datiani、切尔西·鲁索的KC Spencer、切尔西·鲁索的RJ Collection，以及Earth Song。她曾担任Living Fresh Collection的创意品牌经理，该公司开创性地使用桉树为原料生产家居用品、床上用品和睡衣。她在一个备受关注的法庭案件中担任时尚趋势的专家证人出庭，并在社区中担任演讲者。Chelsea Rousso是一位艺术家，她开发了一种独特的融合创作手法，涉及时尚设计、可穿戴玻璃艺术和可持续设计，并以其可穿戴的玻璃胸衣和泳装而闻名，这些作品已在画廊和博物馆中展出，包括史密森学会和蒙特利尔科学中心。她是玻璃艺术协会的成员。

　　Nancy Kaplan Ostroff担任FIT时尚商业管理系的全职教师、教授和助理主席。她是2011年纽约州立大学校长优秀教学奖的获得者。她在学院的各种委员会任职并担任主席。她是FIT传统课程、在线课程和混合课程的作者和导师。这些课程包括：跟单员的时尚预测，许可证业务。她还教授其他各种课程，包括产品开发和当代零售管理，并在全球行业和学术会议上发表演讲。Ostroff教授拥有纽约时装学院的AAS和BS学士学位，以及纽约大学商业教育硕士学位及教学设计证书。

目 录

第一部分
时尚预测的原则

在本书的前半部分，有五章探讨了时尚预测的原则并为读者概述关于当代历史、时尚运动和周期、社会和文化对时尚的影响，以及消费者和市场在预测未来时尚中的作用。

图P1a-f
在这份名为"Aurore"的预测中，卡洛琳娜·德拉斯·卡萨斯(Carolina delas Casas)捕捉到了新生和复苏之美。

1

时尚预测简介

目　标

- 明确时尚预测[1]由何人做、做何事、为何做、在何地及何时做
- 介绍时尚预测的历史
- 解释时尚预测是如何完成的
- 定义时尚预测和关键术语
- 认识时尚预测机构

1965年，一种裙摆提高至膝盖上方，后来被称为迷你裙的裙子款式出现了。然而，直到20世纪60年代末，这种短裙才普遍被女性穿着。迷你裙超越了一种受年轻人启发的时尚，成为全球流行的主要趋势。20世纪70年代中期，女性重新流行穿着较长裙长的裙子，如中长裙或及地长裙。20世纪80年代和90年代，短裙再度流行。同样的，曾经在20世纪80年代流行的棒球衫、飞行员夹克在21世纪10年代中期再度轮回。这种复兴是如何发生的？

20世纪70年代中期，裤子和长裤套装作为女性的日常着装在几乎任何地方都是可接受的。然而仅仅在此前十年，女性还不被允许穿着裤装

进入纽约市著名的餐馆。在大众接受女性外出办公和休闲时穿着裤装的背后，是谁为其铺平了道路？

20世纪90年代，叛逆的年轻人开始通过文身和穿孔来装饰自己的身体。是什么使得这种行为不但时髦而且适合高级时装的秀场？

20世纪90年代中期，嘻哈音乐开始在美国主流娱乐圈里流行。伴随这种类型的音乐出现了反戴棒球帽、穿时髦的运动鞋等时尚行为。

随着人们对幸福和健康生活方式的敏感度逐渐提升，出现了一种被称为运动休闲的新服装种类，反映了人们对可持续性的关注和对新千年的美好期待。

---

1. 为了表述简便，本书将时尚流行趋势预测简称为"时尚预测"。

图1.1a-c
时尚永远是在变化的——有时它会在历史过程中不断重复，通常是文化的融合和人们态度的转变：那些一度被认为是不可接受或前卫的时尚时常演变成为主流

在新千年的第二个十年里，人们比以往任何时期都更希望展示自己的时尚品位以及对时尚的认同感。颜色和图案的碰撞，款式的混搭——如保守的蝴蝶结领衬衫搭配街头风破洞牛仔裤，让人们有机会表达自己的个性。特立独行的时尚为著名的古驰（Gucci）品牌注入了活力并改变了时尚准则的方向。

前瞻者

通往与众不同之路

说到时尚，人们希望外在着装与内在感受表里如一（儿童在这一点上更是如此）。这是自我表达的一种形式。因此，我们看到人们在个性的自我呈现方面不断发展。

——罗丝安妮·莫里森（Roseanne Morrison）多尼戈创意服务机构（Doneger Creative Service）女装和成衣时尚总监

是什么使一种产品变得时髦？是什么使得商品既新潮又令人兴奋，而不是老套过时？下一季流行什么？又由谁来决定？这些想法和观点来自哪里？这些是时尚专业人士在进行未来规划时会反问自己的问题。这些问题的答案存在于时尚预测领域，本书将会一一阐述。

什么是时尚预测

时尚预测是一种依靠与风格相关的过去和当下信息预测未来趋势的实践行为，是对趋势背后动机的诠释和分析以及对预测为什么可能会发生的原因的解读。通过与设计师、零售商、产品开发商、制造商和其他专业人士交流资讯，那些消费者愿意购买的产品就可以创造利润。时尚在不断变化和演进，预测在时尚发展过程中发挥着重要作用。预测者的关注点必须保持前瞻性，不断探寻未来的发展。预测未来趋势是一个复杂的过程，它融合了各种技巧。有些技巧是客观而富有科学性的，有些技巧是主观而富有艺术性的。时尚预测的理想方法应该包括理性思维和创意手法。资源和数据的收集、数据的分析以及事实的诠释是科学性的方法；认知、观察、直觉和记忆被认为是更艺术性的方法。

在进行时尚预测时，预测者必须理解趋势报道和时尚预测之间的区别。趋势报道是关于对已存在的事物或已发生事件的详细描述。趋势报道往往是依据秀场系列、红毯活动及街头时尚的观察而写成的。例如，最近有一份趋势报道证实了蝴蝶结并非仅限于童装使用，大大小小的蝴蝶结出现在时髦裙装的肩部、后背及腰围线处，成为女士裙装的新细节。趋势报道所呈现的图片来自秀场和街头，表明了某种趋势的商业可行性和消费者接受度。而时尚预测则是将趋势报道中的当下信息与对未来的洞察相结合，进而对即将来临的趋势做出预测。最重要的是，预测解释了为什么新趋势可能会发生。

预测者必须要思考三个问题：过去发生的哪些事件影响了今天的时尚？最近发生的哪些事件将会显著影响未来的时尚？在更远的未来，时尚行业可能会发生什么事件以及原因是什么？

时尚预测是一种通过各种方法来寻找线索，从而帮助预测消费者的情绪、行为和购物习惯的实践活力，是通过关注消费者当前的愿望和需求，预测他们的未来愿景。成功的预测依赖于及时的信息以及对时尚消费者不断变化的渴求的敏感度。

前瞻者

什么是时尚预测？

预测以做出前瞻性的决策关乎着客户或品牌进行策划和定制。在时尚产业，预测者必须知道如何把数据变成资金。大公司关注的重点不是产品而是利润。时尚的未来是由科技驱动的。

——戴维·沃尔夫（David Wolfe）
多尼戈创意服务机构创意总监

前瞻者

从互联网上过度获取信息的影响

许多免费的信息来源，比如Google、Instagram或其他易于访问的网站所提供的是什么是新的趋势，而在WGSN，我们提供的则包含原因。我们传达经过编辑的信息，对于未来预测的关键信息和趋势的权威观点。

——卡拉·布札西（Carla Buzasi）
WGSN全球首席内容官

时尚预测者，凭借着他们对时尚基本原理和时尚行业的理解，往往能够相当精确地预测未来事物的特征。为了判断实际状况，预测者综合运用了洞察力、直觉、最新的市场信息和多年来观察时尚变化所形成的时尚知识。时尚预测者或趋势预测者会根据大量的观察、数据和时尚直觉做出预测。预测者考虑的因素包括：

• 历史和当代时尚的已有知识以及关于未来时尚的想法
• 对事物变化的方向和动态的观察
• 社会转型与文化转向
• 对销售数据和消费者信息的分析
• 由经验磨砺而成的对于趋势内在运作的广泛理解

时尚术语

为了理解预测，必须要清楚时尚、风格、品位和趋势之间的区别。

时尚可以被定义，因为它描绘或区分了某一时期或某个群体的习惯、礼仪和衣着。时尚就是人们选择的穿着。

风格是一种出众的外观以及创造一种新形象的各种独有特征的组合，这种新形象在一段时间内被某个群体的大多数人接受。"独具风格"意味着打造与众不同的整体外观，包括服装、饰品、发型和妆容。

品位是某物适合或不适合于特定场合的普遍意见。

趋势是整体方向或动态发生变化的第一个信号。为了确定一种趋势，预测者要从风格和款式细节中识别相似之处，并为潜在的消费者解释这些细节。趋势并不局限于时装，它们也影响着消费者对食物、电影、书籍、度假地及产品的认知和选择。当前趋势会不断变化，因为消费者会重新评估他们对风格和品位的看法。

20世纪90年代，美国都市男性开始穿着低于自然腰线的裤子，露出平角短裤的上部。这种以"沙基裤"著称的低腰风格是趋势的一个案例，它成就了年轻男子的叛逆风格，并且挑战了当时盛行的品位观念，因为老一辈人、政治家和学校官员都谴责沙基裤是伤风败俗的。当音乐人、名流和都市社区外围的人们接受这种款式的时候，它就演变为主流时尚。最终，这种都市趋势被包括紧身牛仔裤和高腰裤在内的风格取代。

时尚预测的历史

时尚预测已经存在几十年了，尽管以前可能不是用这种措辞来描述的。在20世纪10年代的档案中可以找到早期色卡，在纽约时装学院的图书馆中也可以找到制造商为零售商提供的色

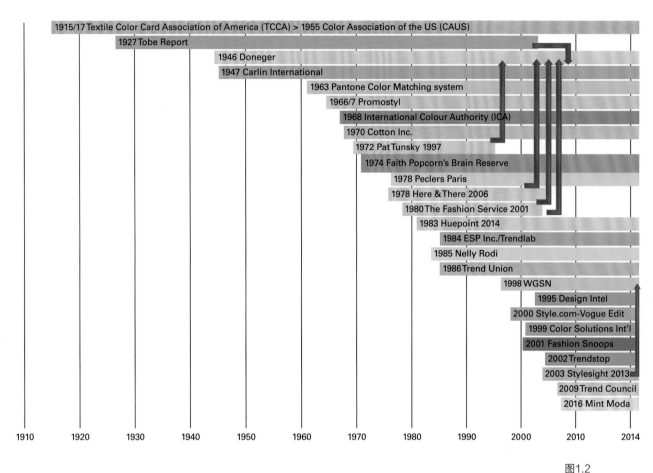

1915/17 Textile Color Card Association of America (TCCA) > 1955 Color Association of the US (CAUS)
1927 Tobe Report
1946 Doneger
1947 Carlin International
1963 Pantone Color Matching system
1966/7 Promostyl
1968 International Colour Authority (ICA)
1970 Cotton Inc.
1972 Pat Tunsky 1997
1974 Faith Popcorn's Brain Reserve
1978 Peclers Paris
1978 Here & There 2006
1980 The Fashion Service 2001
1983 Huepoint 2014
1984 ESP Inc./Trendlab
1985 Nelly Rodi
1986 Trend Union
1998 WGSN
1995 Design Intel
2000 Style.com-Vogue Edit
1999 Color Solutions Int'l
2001 Fashion Snoops
2002 Trendstop
2003 Stylesight 2013
2009 Trend Council
2016 Mint Moda

1910　1920　1930　1940　1950　1960　1970　1980　1990　2000　2010　2014

图1.2
时尚预测服务的
历史年表

卡。这些色卡为零售商采购商品指引了方向，因而可以被认为是某种形式的预测。随后出现了趋势报告，比如起源于1927年的托比报告，它向零售商和消费者展示了时髦或畅销的服装和饰品。

　　第二次世界大战结束时，各种为时髦产品的设计、生产和销售提供帮助的预测服务机构应运而生，服务内容包括色彩、纺织品和廓形方面的预测。预测被纳入不同类型的公司，例如贸易组织和买手机构，以此支持制造商和零售商。最终在20世纪70年代，那些致力于提供预测服务的公司开始逐步发展和专业化。

　　20世纪90年代，随着互联网的普及，一些预测机构同时提供印刷版的趋势书刊和线上的趋势报告。实际上，时尚行业并没有快速适应互联网，尤其是在预测方面。用户、批发商和零售商，包括买手、产品研发人员、营销人员、设计师和时装总监都想亲手触摸面料和感受面料的质感，亲眼看见样品的颜色。预测者继续制作传统的纸质氛围板、故事板、色彩板和面辅料板，这种做法沿用至今。

　　21世纪早期，越来越多的时尚预测机构只提供电子版的报告，有些需付费订阅，有些可免费观看。那时，几乎人人都更愿意在网上

图1.3a-b
来自美国纺织品
色卡协会（The
Textile Color Card
Association of the
U.S. Inc.）的色卡
展示了1918年秋
季的色彩预测

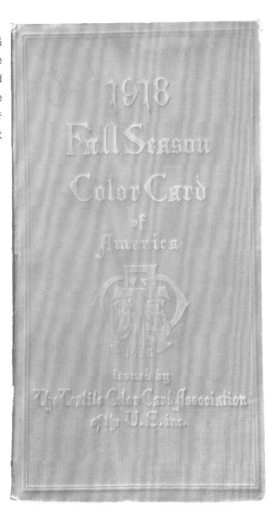

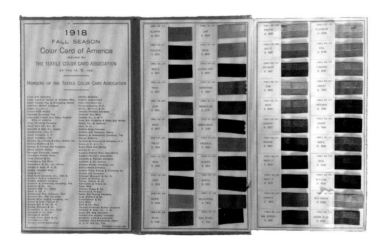

工作。然而，一些预测机构仍继续提供印刷版的预测书刊，例如多尼戈创意服务机构和PeclersParis，印刷版的书刊在这样一个注重触感的商业世界里依然十分重要，对时尚行业和预测所服务的其他行业而言更是如此。

如今已有相当多的预测机构以不同的方式运作着。从创作和发送定期数字快讯的公司，到提供订阅服务的公司，不一而足。有些预测机构为服装公司和与服装无关的公司制定宏观和微观的趋势预测、趋势报告以及定制化预测。近几十年来，关注商业趋势的数据分析机构在持续增长。这些数据建立在当前的客流量、销售、浏览和促销模式等各种因素的基础上。数据分析是一种更加量化的预测方式，而更加传统的预测则是基于对反复出现的全球事件和偏好的艺术化观点。

为什么要预测时尚

像其他迎合消费者不断变化的品位的行业一样，时尚行业依赖于消费者的一时兴起，可能非常复杂并且充满不确定性。可靠的趋势方向可以引领时装企业家获得早期的商业成功。理解、认知和预测消费者的需求和欲望会帮助设计师、零售商和制造商在充分了解信息的基础上做出决策。

时尚预测是企业的必需品，这一点比以往任何时候都更清楚。伴随着不断增长的需求，截止日期比以前更紧迫。客户没有时间去做调研，也没有可用的资源来处理手头的过量信息。预测者把信息编辑成管理系统，以协助客户明智地使用信息。预测者教会人们如何看待这个世界，认识到企业之间是如何相互联系的，以及如何为时尚行业解读信息。

通过认识和理解消费者，时装公司能够以适当的时间、适当的地点、适当的数量、适当的价格向适当的消费者提供适当的产品或服务。要想实现商业上的成功，所有这五个元素（产品、时间、地点、数量和消费者）缺一不可。当预测者首次发现一种新款式时，早期的潮流追随者通常早已抢在大众市场之前接受了这种款式。如果一家以大众市场为目标客户的制造商过早地推出产品的话，消费者可能还没有做好接受新款式的准备，因此就不会购买这种产品；假如有更多的时间来熟悉新款式，大众市场的消费者可能就会有更强的购买欲。又或者，如果新款的采购量太小，零售商没有足够的货品卖给消费者，销售额就会下降，零售商将不能把销售机会最大化；另一方面，如果新款的采购量太大，导致该款式在市场上过度饱和，零售商将以货品滞销和资金损失而告终。

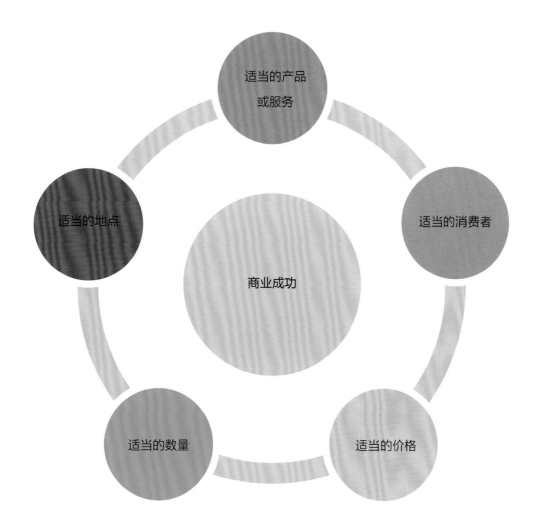

图1.4
成功的时尚商业的秘诀就是拥有5R（right）原则：适当的产品、适当的消费者、适当的价格、适当的数量和适当的地点

前瞻者

时尚预测的未来

无论是从事短期预测还是长期预测，没有数据支持的企业就没有竞争力。时装零售几乎不容许有任何差错。随着全球化的发展，消费者已经被过度打折和比以往更多的选择宠坏了。为了生存，零售商需要知道他们所做的决定是基于可靠的、及时的事实，他们还希望拥有看透一切事物背后的数字信息的能力。

从长远来看，何时打折、补货或者订购多少数量的商品等特定的商业决策，未来都将会交给科技来处理，实际上一些零售商已经在这样做了。计算机永远不能取代人类的创造性，但是设计师和买手不能不关心销售数据——没有什么比创造畅销款更令人心满意足的了。

——朱莉娅·福勒（Julia Fowler）

Edited联合创始人

谁来预测时尚

时尚预测者是一些个人或团队，他们致力于确定即将来临的趋势，并把调查结果传达给为消费者提供产品的行业。设计师和制造商经常以预测者的信息作为指引，并在创造产品的过程中将趋势信息与自身的品牌形象或身份相融合。

趋势预测者有先见之明，他们把时尚知识、历史资料、消费者调研、行业数据、预测分析和个人直觉结合起来，引导产品制造商和专业人士走向未来，帮助他们把在时尚行业取得成功的机会最大化。趋势预测者的远见卓识帮助设计师和制造商顺势而为，利用人们难以察觉的新奇感来获利并获得主流认可。除了时尚预测者，各种不同行业的专业人士也参与趋势预测，这是他们工作的一部分。设计师和创意总监历来都参与识别和创造时尚趋势，但他们并不是唯一的预测专家。商业和零售部门的主管、买手、规划师、产品开发人员和营销人员，他们也收集、诠释、分析和预测趋势，以提高企业的潜在利润；杂志和图书编辑、宣传主管和广告专家做出预测，以保持自身的竞争优势和商业广告的影响力；时装设计专业的学生做预测，以创作与当今和未来时尚有关的新奇服装和系列设计；时尚营销专业的学生通过理解时尚预测来学习如何把市场营销机会最大化。许多预测者与其他时尚专家合作，如调研团队、咨询师和时尚预测服务机构等。

时尚预测者必须有智慧，有才华，能够跳出思维定式。他们需要在新事物来临时明察秋毫，并对一切事物充满强烈的求知欲。

当然，预测者关注的不仅是服装行业，预测范围已经扩大到美容、家居、饰品、包装和工业设计等领域，有些预测者则专门针对电子产品、室内设计、家用器皿、汽车设计乃至金融业。

一些预测专家能预知面料或色彩流行方向。美国棉花公司等主要纤维生产商雇佣专门针对本公司需求的预测专员。美国棉花公司的产品趋势分析服务是该公司在时尚界中保持领先纤维生产商地位的关键因素。在频繁的趋势展示以及与顶尖设计师和采购专家的对话中，反复提到美国棉花公司的趋势调研和供应商信息，有助于那些在未来季度为消费者提供商品的决策者将"棉花"记在心中。

前瞻者

金钱帝国——从创意产业到金融行业的转变

新兴的时尚产业相当于建立一个金钱帝国。时尚的商业化发展是现代的发展方向。大型企业的负责人和金融投资者现在都对预测感兴趣，因为他们的投资组合中有许多来自服装界的公司。我过去的客户通常是创意人士：设计师、插画师和服装制造商；现在的客户则来自商业领域：营销人员、零售商和财务人员。

——戴维·沃尔夫（David Wolfe）
多尼戈创意服务机构创意总监

前瞻者

预测面向的客户

时尚预测机构的客户范围很广，包括（但不限于）服装、饰品、美容、鞋类、食品、汽车和金融服务等各个行业。预测服务所面向的客户上至高档百货商店和奢侈品牌，下至平价和大众市场的零售商。

——杰米·罗斯（Jamie Ross）
多尼戈创意服务机构时尚总监

前瞻者

年度色彩

为了选出每年的流行色，我们潘通色彩机构的团队，正在积极寻找一般生活方式的色彩趋势和影响预测产品的新色彩，与此同时也在寻找他们认为正处于上升期并且似乎在所有设计领域都很重要的颜色；一种真正有推动力的颜色，一种我们认为能够传达颜色信息、能充分反映我们的文化在特定时刻所发生的事情的单一色调；一种我们在所有设计领域都能看到的可以表达情绪和态度的颜色；一种能反映人们在寻找什么颜色，一种能够帮助人们解答内心需要的颜色。

影响力可能来自娱乐产业和正在制作的电影、旅游艺术品收藏和热门新艺术家，时装和所有设计领域、受欢迎的旅行目的地以及新的生活方式、游戏方式和社会经济条件；也可能起源于新的技术、材料、新纹理、影响色彩效果的其他要素、相关社交媒体平台，甚至是即将获得全球关注的体育赛事。

——劳里·普雷斯曼（Laurie Pressman）
潘通色彩研究所副总裁

潘通公司开发的色彩预测是全世界公认的使用最为广泛的标准色系统。每一季，潘通公司调查纽约时装周的设计师，收集他们对重要色系、色彩灵感和色彩理念的反馈，将这些信息用于创作潘通流行色报告，这份报告是时尚爱好者、报道员和零售商全年的参考工具。

图1.5
PeclersParis以纱线和色卡的形式提供色彩方向

潮人和意见领袖在时尚的发展过程中发挥着关键作用。识别引领潮流的群体，同时观察他们的风格和品位选择，这为预测者了解未来的想法提供了重要线索。从名流到现代艺术家和时尚领袖，这些意见领袖的风格被观察和

图1.6b
重新定义古驰品牌形象的亚历山德罗·米歇尔
（Alessandro Michele）

图1.6a
美国社交名流、演员、模特都是有影响力的人，比如肯德尔·詹娜（Kendall Jenner）和凯莉·詹娜（Kylie Jenner）

图1.6c
名人、演员碧昂斯（Beyoncé）凭借其前卫的时尚感，受到大众追随和密切关注

图1.6d
安娜·温图尔（Anna Wintour）和妮琪·米娜
（Nicki Manaj）这看起来不搭界的两人一起出现
在久负盛名的时装秀前排

效仿。在电影、音乐和名人圈里涌现的时尚偶像为普通人提供了可以效仿的造型。例如，当金·卡戴珊（Kim Kardashian）、凯莉·詹娜（Kulie Jenner）、碧昂斯·诺尔斯（Beyoncé Knowles）、杰登·史密斯（Jaden Smith）、法雷尔·威廉姆斯（Pharrell Williams）、麦莉·赛勒斯（Miley Cyrus）和哈里·斯泰尔斯（Harry Styles）走到聚光灯下时，他们的风格就被许多人模仿。行业领袖也发挥着强大的影响力，其中包括美国《时尚》（Vogue）杂志主编安娜·温图尔（Anna Wintour）、久负盛名的意大利品牌古驰品牌的创意总监亚历山德罗·米歇尔（Alessandro Michele）、名模吉吉·哈迪德（Gigi Hadid）和肯德尔·詹娜（Kendall Jenner）。就像时尚本身一样，潮人也在更新换代，而社会对时尚人群的关注也在发生变化。

时尚趋势也可以从政治舞台开始。20世纪60年代的美国第一夫人杰奎琳·肯尼迪（Jackie Kennedy）就是一名潮人，她戴着著名的小圆帽、深色太阳镜，穿着量身定制的合体西装。2009年，美国第一夫人米歇尔·奥巴马（Michelle Obama）作为新的时尚偶像和潮人，在政坛崛起。

预测者从哪里寻找信息

对各种事件的好奇心，无论是有新闻价值的还是其他方面的事件，可以增长预测者的见识。由于社会对名人日益迷恋，预测者会在娱乐圈、媒体、互联网和艺术界追踪趋势。预测者密切关注家庭规模和消费习惯等人口趋势，并留心科学和技术的创新。从少数民族地区的周末夜晚到

高端时尚盛会，从市中心的古董精品店到巴黎的秀场，新时尚的种子有时出现在家的附近，有时则出现在异国他乡。时尚几乎可以在任何地方找到，包括各种公开活动和聚会场所，例如：

- 时装展演
- 面料博览会
- 红毯活动
- 俱乐部现场
- 街头

预测者也从业内人士那里得到新时尚方向的线索。法国第一视觉展（Premiér Vision）、德国法兰克福国际家用及商用纺织品展览会（Heimtextil）以及美国国际面料展览会（Texworld）等面料博览会，或者拉斯维加斯服装展（Magic）等地区性服装贸易展览，都在为预测者提供时尚信号。

通常在展演或博览会上，整个趋势展馆陈列着包括新的主题、色彩和面料在内的各种展品，让人们初窥即将到来的季节新品。在这些集会上，买手、设计师、编辑和制造商齐聚一堂，并

前瞻者

全球覆盖

WGSN为网站创作内容并协助客户完成与其需求相关的特定项目。我们的全球报道由世界各地超过400人的团队成员共同完成，覆盖范围包括服装、室内设计、酒店、美容等许多领域，在色彩等特定领域还有趋势专家。

——卡拉·布札西（Carla Buzasi）
WGSN全球首席内容官

图1.7a
时尚现场直击：迪奥T台秀

图1.7b
在国际内衣贸易展的沙龙上搜罗展品

图1.7c
意见领袖穿着杰里米·斯科特（Jeremy Scott）设计的
服装出现在街头

图1.7d
夜生活体现了音乐人和DJ的时尚趋势

且各抒己见，通过分享与他们生意相关的特定信息来更新预测者的商业趋势。反过来，预测者也能为客户指引最适合他们的品牌、产品和消费者的方向。

实际上，无论是参加博览会还是漫步街头，预测者一直对各种博人眼球的时尚元素保持警觉。他们是零碎信息的收集者，这些信息积少成多，形成了时尚发展动态。度假目的地、娱乐选择和艺术兴趣等生活方式趋势也能成为揭开新的发展和想法的线索。

在街头，有创新精神的年轻人会尝试新的时尚主张。在秀场上，顶级设计师会挑战约定俗成的规范，用新奇感和想象力来重新塑造时尚。杰出的老牌设计工作室以及新生代设计师都在新鲜想法上锐意进取，可以成为预测者的重要资源。新秀设计师力图在业内建立声誉，他们设计的系列也会引领潮流，为时尚预测提供新的方向。

时尚媒体拥有一些业内最敏锐的观察者为他们报道消息，为预测者提供大量有用的观点，并且时常打破常规。美国时尚行业报《女装日报》（Women's Wear Daily）拍摄和报道业内的大事件；包括美国《时尚》（Vogue）、《时尚芭莎》（Harper's Bazaar）、《造型》（InStyle）和《幸运》（Lucky）在内的美国图书杂志捕捉服装和美容界的时尚趋势；Nylon、Paper、i-D监测艺术、时尚和文化的融合；而《建筑辑要》

（Architectural Digest）和《瑞丽家居设计》（Elle Décor）则专注于室内设计。世界上许多国家都在通过地区性的出版物来推广时尚产业和风格。预测者通过观察多元文化趋势展开调研，并且利用这些信息来形成时尚预测。

互联网为预测者提供了利用脸书（Facebook）、照片墙（Instagram）和推特（Twitter）等社交关系网站调查时尚的快速方法。博客是另一种了解、参与追踪时尚趋势的方式，博主会发表信息、评论以及对事件或想法的描述。许多博客提供关于特定时尚的照片和想法；因此，预测者可以通过参与互动的形式获得各种见解和反馈。

从零售网站到社交关系网站，互联网是获得最新时尚资讯的重要来源。

在以时尚前沿著称的大城市里，时尚潮流汹

图1.8
时尚杂志和出版物展示了本季流行什么和不流行什么，并且提供了未来趋势的独家解读

涌澎湃并蓬勃发展，例如巴黎、伦敦、米兰、纽约、洛杉矶和东京，同时也包含一些新兴的时尚之都，例如孟买、上海、首尔、开普敦、里约热

内卢、迪拜和莫斯科。

在多个城市购物，观察不断变化的时尚并保持消息灵通，这些行为很有必要。时尚预测者在游览世界各地的城市时，不仅要去发现新时尚，还要去识别今时与往日旅行中的变化。寻找新事物就像是在探索变化。通过持续调研，预测者和趋势观察员会在新兴精品店、高端零售商、百货大楼和大众市场的折扣店中观察到变化。这种调研也可以在互联网上或通过出版物完成，但是当预测者处于时尚发生的环境中时，体验感会更强烈。

设计师和制造商经常前往客户总部或者总部所在城市的旗舰店。信息的汇集有助于制订下一季的计划。这个过程永不停息。

即使是过去的事物也能成为勤奋的预测者的资源。他们可以通过博物馆藏品、古董和古着商店以及图书馆来研究各历史时期的时尚细节。美国纽约大都会艺术博物馆（www.metmuseum.org）保存了各个历史时期的大量时装藏品，并定期展出部分藏品，往往会对当代时尚业内人士产生很大的影响，如2011年举办的"亚历山大·麦昆：野性之美"展。

美国纽约时装学院（Fashion Institute of Technology，www.fitnyc.edu）博物馆举办的展览寓教于乐。博物馆收集、保存和展示时装作为历史呈现，并通过创造性的诠释来启发灵感。

英国伦敦维多利亚与阿尔伯特博物馆（www.vam.ac.uk）展示了山本耀司（Yohji Yamamoto）和薇薇安·韦斯特伍德（Vivienne Westwood）等现代时装大师的时装展以及体现19世纪和20世纪时尚风格的历史性展览。

世界各地策划了许多时装展览并与全社会分

前瞻者

好想法无处不在

今天，我们处于一个即时消费的社会，时间就是一切，因此各种预测资源必不可少。我们会监测一些渠道，比如照片墙、T台秀、消费者导向型零售商群发的电子邮件，也会去欧洲旅行。平价消费者想要在百货商店、专卖店里看到当下的时尚商品以及他们曾在高端设计师品牌那里看到过的某些趋势元素。

——洛蕾塔·卡扎凯蒂丝（Loreta Kazakaitis）
罗斯百货时尚副总监

前瞻者

去哪里寻找新奇感

为了获得广泛的全球洞察力，WGSN团队一直在寻找致力于创新的新途径。在韩国首尔，我们发现了无数创意；在非洲，尤其是南非开普敦，年轻人充满了活力，一些科技品牌正在这个新兴市场中确立自身地位；在巴西，时尚步伐稍慢，大约落后六个月，因此我们必须考虑时机；纽约、伦敦和香港一直处于我们的监测中，因为这些国际中心的时尚风云瞬息万变。

—— 卡拉·布札西（Carla Buzasi）
WGSN全球首席内容官

图1.9a - c
纽约大都会艺术博物馆的公开活动，例如这场名为"亚历山大·麦昆：野性之美"的展览，会对时尚行业产生很大影响

享，在展示过去的时尚的同时，也启发了未来的时尚。大多数时尚预测者会去美术馆和博物馆观看展览，阅读相关出版物，或者访问网站来虚拟体验展览，保持消息灵通。

市场调研咨询公司是独立公司，他们研究趋势，为预测者或客户提供关于未来的建议和解决方案。市场调研咨询师开展战略研究，识别新兴的市场动向，获取相关数据并进行分析，目的在于解释文化、社交、政治、经济和环境等因素是如何影响社会的以及这些因素会对未来的时尚产生什么影响。生产商和消费者可以获得大量的免费信息，而咨询师的工作则是去辨别与特定项目或品牌相关的信息。咨询师和客户之间的关系更加私密，咨询师将更具体地满足客户的特定需求，并为客户定制一套筛选程序，使客户能够简单快捷地获得有助于决策过程的知识。通过用这种筛选方式产生的定制信息，是咨询师和客户之间的秘密。

预测的最新形式是通过数据分析来完成预测。通过统计社交媒体的浏览量和商店客流量，运用数字化手段和算法来监控和评估人们的兴趣。无论是否与时尚相关，零售商、供应商和其他商家都会利用预测分析公司来分析消费者的偏好和模式，从而预测未来业务的需求。

预测者何时能找到时尚理念

按照惯例，时尚行业在主要城市的春秋季时尚活动中发布新的时装。在主要的时尚之都，高级定制和高级成衣的时装秀接待来自各地的设计师、零售商和媒体。近年来，参与季节性活动的设计师们略有调整，展览的次数有所增加，世界各地举办活动的城市更多。目前，设计师可以在地区性的贸易展销会或在自己的展厅中展出产品，经常每个月预览一个新系列。

尽管这种无季节性的时尚趋势正在涌动，预测行业仍然按季发布预测信息，也就是春夏季和秋冬季。整个行业依然要求采用季节时间线来呈现信息，这一点尚未改变。发生变化的是预测服务增加了贯穿全年的更小的信息胶囊，这样人们就能随时获知最新的进展。

随着人们对街头时尚的兴趣日益增加，使得随时随地都能找到新风格。政治、音乐、戏剧、艺术或体育领域的任何重大事件都可以成为新趋势的发祥地。

前瞻者

展品遴选

作为馆长，我会采纳策展人的提议，开始一场潜在展览的遴选。原创性、对时尚学术的贡献和可行性都要考虑在内。纽约时装学院的博物馆每年举办四次时装展览，其中两场是大型的特别展览，并配有图书，而另外两场展览是基于历史的，所有展品均取材于博物馆的永久收藏。特别展览的策划大约要提前三年。博物馆的使命便是教育和启发不同的观众。

——瓦莱丽·斯蒂尔（Valerie Steele）博士
纽约时装学院博物馆馆长兼首席策展人

长期（宏观）、短期（微观）和季节性预测

预测者可以采用长期（宏观）的视角、短期（微观）的视角，或者季节性的视角。保持宏观、微观和季节性趋势是成功的关键。

长期的趋势预测至少要提前两年进行，但多数情况下会提前十年。这种长期预测也被称为宏观趋势，力图找出能够代表某种时代氛围的转变、能够标志一个历史时期的思想或精神。长期预测较少关注具体细节，它更关心一家企业的长期增长。宏观趋势是从重大的社会、文化和技术转变中挖掘出来的信息，能够通过监测生活方式的变化而观察到这类趋势。随后信息会被编辑，宏观趋势也会被识别出来。识别宏观趋势的方法在很大程度上基于"为什么"。

短期的趋势预测大约提前两年进行。短期预测或称微观趋势，是指如何将宏观趋势应用于特定市场。公司需要大约18到24个月的时间将趋势整合到设计周期中，他们需要知道什么时候以及如何让消费者参与到趋势中来。预测者试图教导市场如何看待微观趋势以及如何针对品牌做出反应。预测者会开发主题和概念，创作色彩故事，挑选面辅料，并确定时装的款式或廓形，强调细节或具体的设计特点。大多数预测者会进行短期预测，以便于客户根据当下的信息来调整新产品的创作与系列的开发。

季节性的趋势更加具体，是依据季节（春季和秋季）来创建的。对大多数预测者来说，每个季节通常包括四个故事，其中一部分是以年轻人为灵感的基调，一部分则更前卫、更现代。季节性的展板由氛围图、色彩故事和面料小样组合而成，此外还包括廓形图。这些信息准备就绪后依次发表，从概念开始，然后是色彩和材料，最后是款式（廓形）的合集。客户通常可以在网站上找到相关信息。季节性预测的创作过程早在发布日期之前的12到18个月就开始了。

如何完成预测

完成一份预测报告分为以下五个步骤。

1.调研，是通过探索或研究来收集信息和图像，同时寻找新鲜的和有创造性的想法，并识别灵感、趋势和信号的过程。

2.编辑，是整理调研结果、数据和图像，并从中识别某些模式的过程。

3.诠释和分析，是仔细研究以便识别原因、关键因素和可能的结果，同时调查是什么促成了即将来临的趋势，并思考为什么会出现这种趋势以及它将如何呈现的过程。

4.预测，是通过建立场景来预知预测的可能性，从而提前宣布或告知潜在结果的过程。

5.传播，是通过文字、视觉展板和口头汇报来传达关于预测的信息、想法、观点和预言的过程。

预测者调研和收集信息，编辑数据，诠释和分析材料，做出预测，并尽可能清晰、及时地传达信息。预测者可以预测社会和文化的转变、人口趋势、技术进步、人口结构动向、消费者行为的发展及其在时尚领域实践的可行性。

所有信息收集完毕后，预测者开始诠释和分析数据。他们会构思关于新的主题、故事、氛

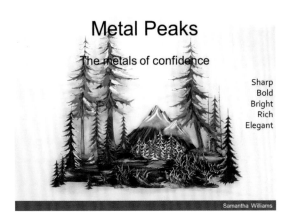
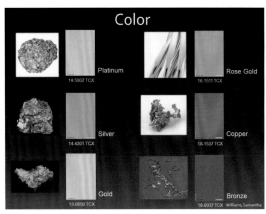
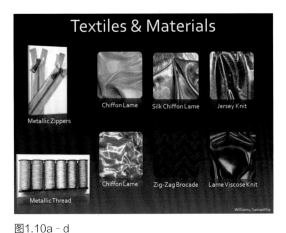

图1.10a - d
主题，色彩，纺织品和材料，款式展示。由萨蔓莎·李·威廉姆斯（Samantha Lee Williams）提供

围、色彩、面辅料以及款式和廓形的想法。收集到的信息通常由一个专家组成的团队进行概括和解读。为了满足特定市场的具体需求，可以定制有针对性的预测。

在当今的服装行业，各种不同类型的时装经受着预测者敏锐的审视，其中包括女装、男装、鞋类、饰品、内衣、童装、泳装、家居服、针织、牛仔、运动装和年轻市场。预测者也可以从各种不同角度看待这些类型。比如说，预测者可以聚焦于某一特定部分的预测，有专门针对针织和牛仔等流行面料的预测。因此，在预测服务中，每个专业领域还可以划分出细分领域。

预测可以策划成各种不同的形式。过去，所有预测者都采用复杂的图书和多媒体演示来呈现信息，按照季度创作包括主题、色彩和廓形在内的预测。时尚的变化速度比较缓慢，而且新的趋势通常是从上一季的主题演变而来的。最后，预测者开始针对女装、男装和童装进行趋势预测。久而久之，更广泛的观众和更多样的客户便建立起来，其中包括家居用品制造商、包装设计师、汽车制造商和投资人。近年来，互联网使许多预测者有机会以详细和及时的方式提供信息。

保存和共享预测的新方法使快速的全球访问成为可能。预测网站不仅有关于当下的预测信息，还有一个数据库可供访问，其中包括设计细节、时装秀、购物场所、旅行或烹饪趋势等具体信息以及色彩、面料和风格等深层次信息。预测者的工作是去评估和选择信息，以实用和可理解的方式传达信息。

预测通常是在特定的重要活动中传达的，比如主要的贸易展会、面料博览会和培训研讨会以及在客户办公室召开的会议。预测服务机构的发言人或预测者把这些信息以优美流畅、引人入胜的版面呈现出来，不仅能传达信息，还能启发观众。预测者必须充满自信地展示他们的发现，让听众相信预测是准确可行的。众所周知，精湛的演讲技巧和条理清晰的发布内容可以说服观众。

时尚预测的例子

预测一般包括以下内容：

- 主题——预测的想法、故事和情绪
- 色彩
- 面辅料
- 款式

预测服务机构

一些个体密切关注未来的形势，与此同时，预测公司已形成了预测未来趋势的业务。每家服务机构都有自己的理念并用自己的方式来传达信息。从详细介绍色彩、面料和款式的图书，到基于网络的集成信息系统，这些服务机构以用户友好的方式来传播他们的发现。

下面列出了一些极具影响力的时尚预测服务机构及其功能。

- 多尼戈创意服务机构（www.doneger. com）是纽约多尼戈集团的趋势和预测部门，通过印刷出版物、线上内容和现场陈述等形式，在服装、饰品和美容品方面为服装、饰品和生活方式市场提供广泛的产品和服务。该公司为客户提供深入的时尚情报、色彩和面料方向以及最新的零售数据、街头和秀场分析。2006年9月，久负盛名的预测公司Here & There加入该团队。

- Fashion Snoops（www. fashionsnoops. com）是一家线上预测服务和咨询公司，提供启发灵感的内容、无可辩驳的调研和战略性的指导，赋予全球领先企业以力量。

- PeclersParis（www.peclersparis.com）是一家预测服务机构，它解读当下趋势，设想未来，并通过弥合创意和产业之间的差距为产品注入内涵。公司的定制咨询服务是为了协助客户坚持独特性并促进业务而设计的。他们追踪新的渴求，分析新的选择，并推荐新的创意方向。

- Promostyl（www.promostyl.com）是一家全球趋势预测机构，总部设在巴黎，并且形成了遍布全球的代理商网络。Promostyl专注于生活方式的趋势，为任何需要色彩和廓形方向的市场提供全面的适应性，在创意和商业可行性之间取得平衡。四十多年来，Promostyl已经和大量不同领域的大公司合作过，涉及服装、美容、汽车设计、消费者产品等。

- Tobe Report（www.tobereport.com）

是由托比·科勒·戴维斯（Tobe Coller Davis）创立的。作为时尚零售顾问，它发布关于时尚行业的私家报告，分析市场，并将发现传达给零售商。作为一种易于理解的工具，Tobe Report可以筛选潜在零售利润的信息，从而成为商家的指南。如今，它不仅涵盖时尚趋势，还在更多方面持续关注影响消费者的社会变化。Tobe Report是历史最为悠久的报告服务之一，自2005年起，成为多尼戈集团的一部分。

• Trend Union（www.trendunion.com）专门研究趋势预测，为纺织品和时装行业以及室内设计、零售和设计行业创作一系列的季节性趋势图书和视听演示。李·艾德尔考特（Li Edelkoort）每年制作两次20分钟的视听演示，以清晰而启发灵感的方式进行展示，预测的趋势与她的总体《趋势手册》相符。这场展示会面向Trend Union的客户，在巴黎、伦敦、斯德哥尔摩、纽约、东京、首尔和阿姆斯特丹都有客户观看。

• WGSN（www.wgsn.com）是一家线上全球服务机构，为时尚、设计和时装行业提供调研报告、趋势分析和新闻。它的创意和编辑团队代表订阅者四处旅行，并与遍布世界各地的经验丰富的作家、摄影师、研究人员、分析师和趋势观察员合作，跟踪最新的商店、设计师、品牌、趋势和商业创新。客户可以访问所有最新的国际风格情报。该服务也被许多其他相关行业采用，这些行业离不开调研、分析和新闻以及新兴风格趋势方面的广泛情报。WGSN的总部设在伦敦，在纽约、香港、首尔、洛杉矶、墨尔本和东京设有办事处。

近年来，许多新的预测服务机构方兴未艾，比如Trend Council和MintModa。目前，时尚预测服务和分析公司已经将各种不同形式的预测分析纳入并应用到他们的业务中。

职业机会

预测可能涉及大量的时尚专业，所以这个领域中的就业机会很多。时尚预测的每个领域都提供了广泛的职业选择，而且该领域的具体工作需要各种不同的技巧。创意总监、执行编辑、趋势分析师、研究人员、平面设计师、网页设计师、市场营销人员、插画师、摄影师和摄像师都在为展望未来时尚这一挑战性的任务做出贡献。要想进行令客户信服的展示，离不开报告、写作、演讲和销售技巧。

大多数预测工作要求雇员至少有学士学位。企业雇主通常先考虑拥有时装设计、市场营销或纺织品等学位的申请人，社会学、商学、新闻学和艺术学的学位也与预测的任务相关。试图挤进这个领域的新人可以参与实习，这为融入预测团队提供了宝贵的机会。时尚相关领域的经历也可以帮助应聘者获得预测工作的面试机会。参与活动策划、贸易展会、零售、采购、公共关系、时装秀制作、造型、管理、出版和媒体工作，这些都是寻求预测职位的申请人的宝贵资产。

除了学位和工作资历，时尚预测职位的应聘者必须展现出他们有能力适应时尚周期，并了解文化如何对时尚产生影响。预测者还必须了解生产流程。如果一个人不了解产品是如何设计、构造和制作的，就很难预测产品的风格和细节。

当然，为得到一份声望很高的时尚预测工作所付出的所有努力最终都会得到回报。不过，这个领域很小且竞争激烈，薪水是根据工作表现和经验而定的。

浏览一下业内最杰出的创意总监、编辑、时尚策展人和高级时装高管的简历，你很可能会发现他们大多在预测和趋势方面经验丰富。大多数业内专家在开始时都曾接触过一些预测，并在工作期间不断磨炼技能，积累经验。

预测者必须有能力推销自己和自己的想法。一个在识别趋势方面有着良好记录的预测者会建立起极佳的口碑，并且可以帮助客户获得很大的成功。结合情报、好奇心、技能和直觉，一个成

前瞻者

预测行业需要什么样的应聘者？

我在寻找求知欲很强的、刚进入时尚预测行业的新人。如果一个应聘者时尚视野狭窄，就不能很好地理解今天的时尚是如何反映不断变化的环境。时尚是一种响应，不是一座孤岛。它是世界上正在发生的事情。陈规消失了，时尚提供了一种富有想象力的逃避方式。世界在不断变化，时尚系统也在随之变化。现在是时候重新学习和重新评估时尚了。这个过程是去创造、推广，然后是销售。我们必须明白，人们正在对体系、性别和季节进行重新思考。

——戴维·沃尔夫（David Wolfe）
多尼戈创意服务机构创意总监

前瞻者

给对时尚预测领域感兴趣的学生的建议

除了时尚学位之外，一些行业经验和实习经历也有助于你为进入一家预测公司做准备。运作一个出色的项目可以展示你对时尚行业的知识和对内容的传播能力。杰出的调研和分析技巧有助于你进行数据预测。报告、沟通和新闻技巧有助于你与团队成员、设计师和零售商保持有效的协作。由于预测是一个规模较小但利润丰厚的领域，从业者必须出类拔萃才能脱颖而出。

——卡拉·布札西（Carla Buzasi）
WGSN全球首席内容官

前瞻者

职业要求

作为给对时尚预测领域感兴趣的学生的忠告，我鼓励学生成为自己的领导者并掌控自己的命运。学生必须抓住机会并清楚而简洁地表明他们想要什么。我建议学生从多个角度去探索，要善于合作，要充满热情。学生们必须意识到，对于许多不同类型的职业来说，预测是一项必备技能。当今职场需要综合技能，了解如何发现并明确趋势走向对于许多不同的行业都是必要的。学生们必须凭借直觉进行预测并相信自己。他们必须善于观察，能够发现创新的种子并识别模式。对于创意人士来说，困难的部分是如何使过程切实可行。初出茅庐的创意者必须对知识有信心，对于他们来说，生命和活力是最为重要的。新公司要以创意灵魂为中心。

——莉莉·贝雷洛维奇（Lilly Berelovich）
Fashion Snoops的所有者、总裁兼首席创意官

功的预测者知道如何识别重要的趋势，并将这些信息转化为可盈利的决策。

总结

时尚预测者把自身的经验、远见和精准定位的调研巧妙地结合起来，弄清楚什么将会迎合消费者未来的欲望。预测者在T台秀和红毯活动上寻找线索，并收集关于消费趋势和人口统计特征的数据，同时关注潮人和敢于冒险的街头时尚爱好者。

预测者把所有数据和观察性调研相结合，再加上自己对时尚的独到感悟和理解，就能获得对未来事物的准确一瞥。预测时尚不仅是一场猜

> **前瞻者**
>
> **我们如何更好地培养那些对预测领域感兴趣的学生呢？**
>
> 为学生提供坚实的知识基础和背景，让他们参与有关服装零售行业内部运作的实习工作和实际项目，从而获取行业经验，将对学生们大有裨益。他们还需要建立坚实的基础，以便评估数据，并通过独立的统计分析和对商业广告的深刻理解得出重要的战略见解。随着时间的推移，这个行业对数据分析的执着将会日益强烈，任何有志于在这个行业工作的人都需要这些技能。较早获得技能的人们已经取得了很大的优势。
>
> ——茱莉娅·福勒（Julia Fowler）
> Edited联合创始人

> **前瞻者**
>
> **你建议学生去哪里寻找和调研？**
>
> 潘通色彩研究所是一个由色彩专家组成的团队，他们去世界各地探索，进行调研并拍摄大量照片。就像专家们所做的那样，我建议学生去参观主要的贸易展览，比如第一视觉展、米兰博览会（Milan Fair），浏览侧重于材料趋势的杂志，比如《纺织品展望》（Textile View）、《展望2》（View2），因为设计师会在今后的创作中将其作为参考。
>
> ——劳里·普雷斯曼（Laurie Pressman）
> 潘通色彩研究所副总裁

谜游戏，而且是对分析、创造和开发技能的锻炼。设计师和制造商依靠预测者的能力去预测新趋势，从而打造出在市场发展中盈利的成功产品线。因此，整个行业如此依赖于预测专家的预测已不足为奇，并且预测细分市场本身已成为蓬勃发展的独立行业。

关键词

交流	调研
编辑	季节性趋势
脸书	短期预测
时尚	风格
时尚预测	品位
意见领袖	趋势预测者
诠释和分析	趋势报告
长期预测	趋势
宏观趋势	潮人
微观趋势	趋势观察员
观察	推特
预测	

相关活动

1. 当前的时尚信息和文章

为讨论当前的时尚事件收集一件单品，这件单品必须具有代表性，让大家可以从中解读出下一季时尚预测的信息。你可以从《女装日报》、某份报纸或某份消费者刊物上剪下来这件单品，只要你认为它与你的预测相关，你能根据它对事物的变化做出推测。

写一篇描述该单品的短文，附在它的原始描述旁边，包括信息来源（设计师姓名、出版物等）、它与过去或未来时尚的相关性以及你认为这是未来时尚的一个重要指标的原因。

准备好向全班展示这件单品，并讨论它对时尚预测的重要性。

2. 调研VOGUE官网的任务

在网上创建你自己的款式合集。从设计师系列中选择二十张吸引你的图片，把它们保存在你的款式合集里。创建文件夹，并在你的款式合集里添加图片和信息。网站：www.vogue.com。

3. 调研时尚预测机构

对时尚预测机构进行调研。识别任何可用的服务，访问大学图书馆来检查预测信息的可用性，检索网页并开始浏览网站，说明你最喜欢哪个网站并图文并茂地解释原因。

现代时尚简史

目 标

- 理解时尚史对预测的重要性
- 明确时代精神如何塑造时尚
- 明确政治、社会和文化事件如何影响时尚
- 辨明每个时代的主要风格和设计师
- 解释时尚变化的影响
- 追踪时尚的历史演变

时尚史是如何帮助预测者了解接下来的时尚走向的？一个时代的政治、社会和文化事件如何为塑造未来时尚提供助力？特定的款式如何捕捉到时代精神？时尚的演变是如何发生的？

预测者必须对历史有一定的理解才能成功地预测时尚。时尚预测者审视过去，评估当下，然后再预测未来趋势。一个成功的时尚预测者明白，过去对于预测未来时尚的方向至关重要。"历史往往重演"这句话完全适用于时尚语境。时尚预测者还必须理解，时尚是一场演变，而不是革命。随着时间的流逝，文化态度会发生变化，时尚准则的变化也在不断发展。

什么是时代精神

时代精神是指当前的文化状态：当今的表达。一个时代的模式是由历史、社会、心理和审美等因素的复杂混合所决定的。每个时代，富有创意的艺术家和设计师都会受到当时的影响因素的启发，把它们转化为有创新的想法和产品。一个时代的影响因素有其共性是不足为奇的。人们时常会在当代各种不同的领域发现新的审美：艺术、建筑、室内设计、美容产品和服装。例如，时尚趋势经常在多种艺术形式中同时出现。20世纪20年代期间，服装、建筑和美术使用的形

状、材料和色彩全都大同小异。美国纽约的克莱斯勒大厦、古巴哈瓦那的百加地大厦，甚至英国伦敦的地铁站等建筑都出现了具有装饰艺术（Art Deco）风格的连绵曲折的线条、V字形和对称的设计，铬和镜子等光滑材料产生了清晰的反射表面。类似的几何图案也出现在纺织品中，例如拷花丝绒和丝质提花都具有枪灰色、黑色和银色的单色配色，并带有柔和的钴蓝色。服装设计师保罗·波烈（Paul Poiret）把几何线条融入他的设计中，以矩形为基础，点缀以闪闪发光的切割珠子。在被称为装饰艺术的十年里，几何形状与现代化携手并进。

就像20世纪20年代的风格那样，20世纪60年代展现了对熟悉概念的重新演绎，因为这两个时代的精神都是由年轻人的求变欲推动的。有时候，时尚中的复古影响确实来自于特定的款式，而有些时候，这些款式仅具有对过去岁月的微妙怀旧感。在理解某个年代的时代精神后，时尚复兴可以追踪到它的初始时期或最近出现的时间。通常情况下，时尚复兴的新版本将早期风格的精髓转化到现代的变化中，从而融入当前的时代情绪或时代精神。

时代精神在发挥作用

预测者需要同时了解过去和现在的政治、社会和文化趋势，因为他要着手于审视大事件，以便理解方向的转变和时尚的演进。在每个时代，观念和生活方式的变化推动着时尚前进。有的时代以重大事件为开端或结束，比如一场金融危机，就像1929年的股市崩盘，或一场战争；有的时代可以通过社会不断变化的面貌来定义，这种变化捕捉到了时代精神，比如20世纪60年代的嬉皮时代是由叛逆精神推动的。类似于20世纪工业革命的影响，21世纪的技术革命促进了当前时代意识形态的塑造。通过研究一个时代或某个十年间发生的事件，我们可以找到一些线索来解释人们身上为什么穿着那样的衣服。无论是处于战争时期还是和平年代，医学和科技的突破、交通和通信的发展，或者音乐和娱乐的新流派，这些事件都会带来变化，并且体现在社会所接受和穿着的时装上。

本章指明了时尚的各个时代和塑造了当时创意冲动的关键因素，指明了每个时代的时代精神，描述了当时的时尚，并讨论了推动时尚前进

前瞻者

只有被大众穿着的时装才能载入史册

谈及现代时尚史，我注意到，高田贤三（Kenzo）在20世纪70年代进入巴黎时尚圈时，曾带来巨大变化。他革命性的设计方法挑战了久负盛名的高级时装界，他的服装和商店令人兴奋，展现出各种色彩、大胆的印花以及对全球文化的借鉴，人们会购买和穿戴他的服装和配饰。与之不同的是，20世纪80年代，当川久保玲（Comme des Garcons）在巴黎卷起风暴时，人们实际上并没有穿上那些破烂的、解构的黑色遮蔽物。尽管这次审美上的冲击很有煽动性，但它们从零售商手里辗转到了博物馆，并没有被多少人穿在身上。我回想起可可·香奈儿（Coco Chanel）的一句名言："时尚如果不走上街头，就不是时尚。"

——戴维·沃尔夫（David Wolfe）

多尼戈创意服务机构创意总监

的创意。自19世纪60年代开始，各时代大致以十年或由于重大事件的开始或结束而发生巨大变化的时间段来划分。

1860—1899：维多利亚时尚与查理·沃斯（Charles Worth）

时代精神

在19世纪60年代以前，几个欧洲国家主导了政治和社会思想。巴黎和伦敦被认为是社会和经济的主要城市中心。虽然美国被视为一个年轻的国家，但它不断扩张并形成了自己的文化。

此时的英国正处于维多利亚女王领导下的保守时代，她统治了将近半个世纪。由于贸易与商业的兴盛，英国经历了大繁荣。财富成为公开展示的装饰，而且时尚、艺术和建筑也呈现出富裕之气。英国的进步让其他国家羡慕不已。

在法国大革命的动乱平息后，法国重新获得了世界时装之都的领导地位。在巴黎，现代服装时代通常被认为应归功于查理·弗雷德里克·沃斯（Charles Fredrick Worth）的工作和理念，他被誉为"高级定制之父"。沃斯获得这个头衔是因为他时装的创新方法不同于同时代的其他裁缝。当沃斯为声名显赫的客户创作时装时，凭借的是自己的审美观念，而不是跟随客户的想法。沃斯于1858年在巴黎成立了第一家高级定制（字面意思是"高级剪裁"）时装工作室，即沃斯时装工作室。他是第一位在每件服装上缝上自己名字标签的人。

美国内战结束后，奴隶制被废除。美国公众不得不面对关于种族和阶级的新的社会态度。在接近百年国庆之际，随着大量移民涌进城市和

农村地区，美国不断扩张，加利福尼亚的"淘金热"促进了直抵太平洋的西进运动。

现实主义和印象主义是主要的艺术运动，而音乐则感受到了文化势力的融合。在文学界，作家通过神话、象征和梦想表达了深沉的人类情感和想象力。

后来制作的展现这个年代时尚的重要电影有《乱世佳人》（Gone with the Wind）、《年轻的维多利亚》（Young Victoria）、《虎豹小霸王》（Butch Cassidy and the Sundance Kid）以及《纽约黑帮》（Gangs of New York）。

时代风尚

维多利亚时期日益增加的财富体现在女性缀以褶边和饰品的衣服上，装饰繁多的服装可以展示社会地位和体面。女性用裙撑、紧身胸衣、裙箍以及很多层衬裙的服装束缚着自己的行动，她们将腰部束紧，塑造出沙漏形曲线的夸张廓形。

日间服装款式保守，高领、宽袖的曳地长裙包裹全身，仅允许露出很少的皮肤，人们几乎感受不到自由。晚间服装的领子相对较低，袖子也更短，无指蕾丝手套很受欢迎。花哨的帽子取代了在颌下系带的软帽。

男性服装与之前几十年相比并没有多大变化，依旧是正式而刻板的，延续了保守的趋势。他们日间穿着商务套装，晚间穿着燕尾服或正式的大衣。男性的配饰有手杖、高顶帽、德比鞋，还有怀表。

时代进展

在19世纪50年代以前，大多数服装是由女性在家制作的。随着缝纫机被引入工厂，批量生产的服装问世了。这种现代化导致了劳动力的变化，改善了财务状况，并改变了通信和交通方式。女性开始外出工作。

照相术的发明影响了时尚的发展。《时尚》杂志开始发行，它所提供的信息和图像让人们有了广泛的机会去追随时尚趋势。电动织布机和合成染色等新的纺织技术使纺织业的发展步入现代化。百货公司建立起来，与此同时，还出现了邮购目录，它们为城市和农村地区的人们提供了购买成衣的渠道。

在19世纪90年代维多利亚时代接近尾声之际，新的观念逐渐兴起，价值观不断发生变化。随着经济的繁荣发展，富有的社会精英们目睹了暴富新贵和新中产阶级的涌入。由于美国的经济增长，实力增强，欧洲的主导地位即将结束。空气中弥漫着变化和自由的气息。

图2.2a
时髦的绅士穿着保守的外套并用夸张的配饰装扮自己

图2.2b
这件查理·沃斯（Charles Worth）礼服工艺精湛，由光泽的缎子和精致的蕾丝制成

1900—1919：爱德华时代和第一次世界大战

时代精神

20世纪伊始，全世界现代国家用非凡的博览会、庆祝活动和乐观主义来庆祝新时代的到来。在英国，从1901年到1910年是爱德华七世统治时期，这十年以爱德华时代著称。这是英国极尽奢华和铺张的年代，此时的英国是世界领先的经济和军事强国。在法国，同一时期被称为"美好时代"（La Belle Époque），高级定制时装以富人们铺张而奢华的服装为特色。富人们在金碧辉煌的巴黎饭店炫耀他们的荣华富贵，他们泡着温泉，享受着卡巴莱歌舞表演。在这两个欧洲国家，这个时代极尽铺张之能事，十分具有代表性。

来自世界各地的移民促使美国人口出现增长。在20世纪之前，大多数美国移民来自北欧；20世纪之后，移民们从南欧和亚洲纷至沓来。早已发家的富人和新移民的穷人之间的差距变得显而易见，种族平等、和平和男女平等仍然是这个国家的重要问题。

美国交通业取得了重大进步。福特汽车公司开始制造许多美国人可以承担得起的低成本汽车，莱特兄弟进行了第一次飞行，开创了航空旅行的前景。

在文化方面，后印象主义、野兽派、立体主义和表现主义等新的艺术运动使保罗·塞尚（Paul Cézanne）、文森特·梵高（Vincent Van Gogh）、亨利·马蒂斯（Henri Matisse）、保罗·高更（Paul Gauguin）和巴勃罗·毕加索（Pablo Picasso）等艺术家进入大众视野。

观看戏剧表演、轻歌舞剧和电影成为重要的休闲活动，玛丽·毕克馥（Mary Pickford）、黛达·巴拉（Theda Bara）和查理·卓别林（Charlie Chaplin）等成为电影明星。棒球和马术等观赏性运动成为上流社会生活的一部分。《时尚芭莎》开始发行月刊，报纸上也增加了体育和漫画栏目。

图2.3a
1900年万国博览会之后，在巴黎塞纳河上举行的一次茶会

图2.3b
福特T型车促成了交通运输的革命

和平岁月因第一次世界大战（1914—1918）（简称"一战"）的爆发而告终。起初，这场战争是由俄罗斯、英国和法国结盟对抗德国和奥匈帝国的欧洲冲突；但随后，这场战争波及全球，美国在1917年加入战争。美国获得了军事和经济强国的新地位，这场战争极大地改变了美国在国际舞台上的角色和形象。一战导致数以百万计的美国男性被征召入伍，许多美国女性需要去职场上填补由此造成的职位空缺。战争结束后，尽管有许多女性离开了她们的工作岗位回归家庭，但有些人仍然留在工作场所，美国职业女性的革命性思想成为美国文化的一部分。

当时或后来制作的展现这个年代时尚的重要电影有《威尼斯儿童赛车》（*Kid Auto Races at Venice*）、《看得见风景的房间》（*A Room with a View*）和《泰坦尼克号》（*Titanic*）。

时代风尚

这个世纪以一种正式而欢快的时尚态度开始，偏爱丰胸细腰的成熟女性身材。女性的主要廓形风格是S形。紧身胸衣嵌有鲸鱼骨，对腹部施加压力，在迫使臀部后翘的同时保持前胸笔挺。长裙贴合臀部，裙摆摇曳于地。查尔斯·达纳·吉布森（Charles Dana Gibson）创作的插画"吉布森女孩"被许多人认为是那个时代女性美的完美典范，强调丰满的臀部和带裙裾的漩涡状长裙。服装采用大量的蕾丝、缎带和装饰细节来重工打造，使穿着者得以炫耀自身的财富。巴黎人雅克·杜塞（Jacques Doucet）把自己的时装创作与延续至20世纪初的新艺术运动美学相结合，彰显时代精神。

巴黎被认为是主要时尚趋势的发源地。1910年，保罗·波烈（Paul Poiret）推出的"蹒跚裙"和"帝政样式"从根本上改变了当时的廓形，女性脱掉了紧身胸衣。东西方文化水乳交融，东方戏服、希腊式披挂衣、头巾、哈伦裤与和服不期而遇。款式更加宽松，面料更加轻薄，色彩也更加艳丽。与波烈同时代的马里亚诺·福尔图尼（Mariano Fortuny）创造性地设计出褶皱礼服，面料和颜色都很丰富。杜塞、波烈和福尔图尼成为高级定制时装界的时尚翘楚。

及至1915年，由于战争造成的材料短缺，半身裙和连衣裙的长度升到了脚踝以上和长及小腿肚的位置。人们摒弃装饰，简化廓形。实用性和功能性取代了早期所见的奢侈铺张。女性开

图2.4a

吉布森女孩被许多人视为女性美的完美典范

图2.4b
保罗·波烈（Paul Poiret）是一位影响深远的设计师，他把女性从紧身胸衣里解放出来，并改变了长久以来的僵硬廓形

图2.4c
装饰华丽的服装彰显穿着者的身份和财富

始广泛参与自行车、体操、网球运动和日光浴活动。美国设计师阿梅利亚·布卢姆（Amelia Bloomer）早在几十年前就曾为女性推出过裤装；随着人们对运动服装的需求增加，女性裤装直到这一时期才开始流行开来。

战争期间，时装业乏人问津，许多设计师在战时关闭业务。职业女性需要更适合活动的新式服装，她们穿着保守的量身定制服装（女西服）搭配女士衬衫。

在这一时期初期，男装的廓形是不突出腰线的长方形。男性穿晨礼服、礼服条纹裤和大礼帽作为正式着装。在此期间，男性的着装风格变得更加随性，开始把花呢夹克和条纹运动夹克作为休闲装。在骑自行车之类的活动中，采纳了一种被称为灯笼裤的短裤，从而开启了男装实用性的趋势。在战争年代，基础色的战壕风衣作为一种实用主义风格被引入，基本上和现在流行的风衣款式相同。

时代进展

在战时，为了取得胜利，各国纷纷致力于科学和工业进步。战争一结束，这些进步就在制造领域得到应用。工业革命促使工人阶级内部发生变化。纺织品和服装生产中引入更多机器，这为成衣（RTW）制造铺平了道路。人造丝开始在大众市场普及，拉链也被发明出来。

高级定制提升了设计师的地位，使之成为能支配时尚和风格的创意力量。设计师和艺术家一样，都受到了时代精神的影响。

电影对时尚追随者产生了巨大的影响。受到演员的服装风格影响的不只是影迷，而是整个社会。大银幕上的现代风格被公众效仿和复制。第一次世界大战结束时，社会明显发生了变化。世界政治力量在扭转，文化态度也在变化，并且出现了一类持有新的人生观和行动力的现代女性。

1920—1929：咆哮的20年代和摩登女郎

时代精神

第一次世界大战结束后，美国"咆哮的20年代"的特征是奢侈享乐。这是一个充满巨大变化、财富和成就的时代。交通运输方面的进步包括查尔斯·林德伯格（Charles Lindbergh）首次飞越大西洋和更加经济实惠的汽车。西格蒙德·弗洛伊德（Sigmund Freud）的心理学理论彻底改变了人们的道德观和价值观，尤其是年轻人。

女性为争取男女平等而奋斗，她们开始拒绝陈旧的社会规范、低下的社会地位和受限的行为方式。1920年，美国宪法第十九次修正案赋予女性以投票权。这些新女性自由不羁，寻欢作乐。她们享受爵士音乐、新式舞蹈和服装。"摩登女郎"（The flapper）是给那些吸烟、饮酒、跳查尔斯顿舞和狐步舞的年轻女孩起的外号。尽管1919年生效的禁酒令禁止了蒸馏、酿造和销售酒精饮料，但沙龙还是被地下酒吧（一种秘密的饮酒、跳舞和就餐的俱乐部）之类的场所取而代之。

在欧洲，经历了战争带来的革命性变化后，国家和政府进行了重组。在俄国，沙皇的君主制在1917年被推翻，共产主义政府建立起来。在意大利，贝尼托·墨索里尼（Benito Mussolini）建立了法西斯独裁政权。

此时的艺术运动之一是以几何形状为特征的装饰艺术运动。艺术家埃尔泰（Erté）被誉为"装饰艺术之父"，他以独树一帜的插画成名。另一种艺术运动是受弗洛伊德理论影响的超现实主义。萨尔瓦多·达利（Salvador Dali）等艺术家的画作受到了潜意识想象力的影响。

在娱乐界，长久以来占据人们生活一隅的默

图2.5a
爵士乐走向世界

图2.5b
克莱斯勒大厦是装饰艺术风格建筑的典范

图2.5c
吸烟被视为年轻女性挑战传统道德观念的叛逆行为

片正在被电影行业最新的变革——有声电影所取代。电影充满想象力和追求乐趣的魅力。演员的妆容、发型和服装在美国掀起效仿风潮。琼·克劳馥（Joan Crawford）等电影明星是轻快、大胆的摩登女郎的化身。玛琳·黛德丽（Marlene Dietrich）开始穿着燕尾服搭配裤装，为女性打造出一种更具阳刚之气的外表。鲁道夫·瓦伦蒂诺（Rudolph Valentino）以他平滑的头发和性感的外表，成为男人和女人心目中的偶像。当时或后来制作的展现这个年代时尚的重要电影有《爵士歌手》（*The Jazz Singer*）、《茶花女》（*Camille*）和《了不起的盖茨比》（*The Great Gatsby*）。

　　1920年，在第一次商业节目播出之后，电台广播这种新的媒介迅速火遍美国。收音机主要供家庭使用，它为公众提供免费的音乐、娱乐和体育节目。这一时期的音乐主要是爵士乐，出自一些著名的艺术家，如杜克·埃林顿（Duke Ellington）、路易斯·阿姆斯特朗（Louis Armstrong）和贝西·史密斯（Bessie Smith）。广播使大众得以了解棒球、足球、拳击、网球和高尔夫球。与广播同时诞生的是广告业。牛仔形象被用来推销万宝路香烟，"万宝路人"成为美国人的偶像。

图2.5d
电影偶像鲁道夫·瓦伦蒂诺（Rudolph Valentino）外表性感，具有票房号召力

时代风尚

　　这个时代的特征是女性传统行为的彻底改变和消失，这也在该时代的风格中得以体现。为了活动自如，摩登女郎穿着无腰身的直身裙，通常缀以流苏和珠子。裙摆上升到膝盖的高度，露出穿着肉色丝袜的双腿。摩登女郎的标志之一是特别短的男孩式发型，叫作波波头和超短头。亮色的胭脂和红色口红备受青睐。涂得像面具一样的粉底和修剪得细长的眉毛成为主流。由雪纺、柔软的绸缎、天鹅绒和真丝塔夫绸制成的珠饰晚礼服几乎与戏服一样。配饰样式包括耳坠、长珍珠或珠子项链、手镯以及被称为"钟形帽"的贴头小帽子。

　　玛德琳·维奥内（Madeleine Vionnet）开始使用斜裁技术，服装优雅悬垂且合体贴身。可可·香奈儿引入针织衫，为现代女性增添动感，她设计的"小黑裙"至今仍被奉为经典之作。让·巴杜（Jean Patou）设计的新式运动装包括套头衫和分体半身裙。

男性时装在20世纪20年代仍保持传统样式。男人们穿着普通西装，搭配与之在颜色和面料（亚麻或法兰绒）上相匹配的背心、裤子和夹克。他们也会穿着强调腰身的单排或双排扣宽驳领西装。裤子是阔腿裤，通常被称作"牛津裤"。颈部服饰包括领带、领结和阿斯科特领巾。头发整洁光滑，胡须修剪成薄八字胡。浅顶软呢帽、巴拿马草帽和运动帽十分普遍。随着运动和活动项目的增加，针织衫、泳衣和网球服等分体式服装或运动服大受欢迎。

时代进展

尽管这个时期大多数的设计灵感来源于巴黎，法国设计师却开始关注美国的消费者和买家。在美国，百货连锁店和各类商店供应的流行时装取代了定制服装或以前在家里制作的衣服。美国零售商开始专注于销售时装的业务。连锁店的建立使产品的价格降低，消费者的购买力提高。成衣随着季节性系列的推出而流行起来。美国时装行业生产法国设计的复制品或山寨品的行为历来有之，法国时装设计师对此严加谴责。

在1920—1929年这十年的最后阶段，时代的繁荣开始发生变化。随着国际金融危机开始席卷全球，这种欢乐快活的气氛变得阴郁起来，过度放纵之风在1929年股市崩盘后戛然而止。在进行时尚预测时，预测者要明白，几乎所有趋势都终结于过度，这一点至关重要。20世纪20年代清楚地证明了这种理念，剧变和奢华孕育的时

图2.6a
被称为"摩登女郎"的女性经常光顾地下酒吧，她们在那里喝酒、吸烟，随着爵士乐的节奏跳舞

图2.6b
可可·香奈儿·加布里埃尔（Gabrielle "Coco" Chanel）引入稍短的裙长和平纹针织塑造的舒适廓形，改变了女性的穿衣方式。男孩气的发型和珍珠饰物丰富了整体造型

代风格已无法持续，社会往往跟不上变化的脚步。预测者观察这种模式，能够意识到时尚转变即将来临。

1930—1945：大萧条和第二次世界大战

时代精神

大萧条是一场影响全世界人民生活的经济灾难，主导20世纪30年代的时代精神，并且导致重大的经济、政治和社会变革。失业现象非常普遍，犯罪率、破产率、自杀率和卖淫率也随之升高。富兰克林·罗斯福于1933年就任美国总统，在接下来的十年里领导美国应对这场渗透到社会每个角落的经济危机。在20世纪30年代期间，罗斯福执行银行制度改革，建立新的政府机构，实行自由主义的社会变革，如社会保障体系。

在1930—1945年这十年的最后阶段，世界面临另一个灾难性事件：第二次世界大战。尽管这场战争开始于欧洲，阿道夫·希特勒领导的纳粹德国入侵波兰，但它最终扩大到全球许多国家。1941年，美国在两条战线上参战：在欧洲战场上与英国及同盟国对战德国，在太平洋战场上对战日本。这场战争从1939年持续到1945年，迅速占据世界各国人民的生活。在美国，政府对橡胶轮胎、汽油和燃料实行定量配给，并限制个人车辆的使用。这场战争以1945年美国及其同盟国的胜利而宣告结束。

在战时，由于战争创造了数百万个工作岗位，大萧条消退了。美国工厂开始为同盟国供应枪支、轮船和坦克。大约200万女性投入原先被男性把持的工厂里参加工作，大约1700万女性在办公室工作。在这个时期，观看电影的人数剧增。虽然时间短暂，但人们可以借助大银幕暂时逃离大萧条和战争的现实世界，进入充满电影魅力的优雅的幻想世界。生活方式继续受到好莱坞电影的影响。这一时期的电影明星包括葛丽泰·嘉宝（Greta Garbo）、弗雷德·阿斯泰尔（Fred Astaire）、克拉克·盖博（Clark Gable）、贝蒂·戴维斯（Bette Davis）、丽塔·海华斯（Rita Hayworth）、凯

图2.7a
铆工露斯（Rosie）代表生产战争物资的劳动大军中的女强人

图2.7b
收音机为家庭带来通信和娱乐

瑟琳·赫本（Katharine Hepburn）和童星秀兰·邓波儿（Shirley Temple）。当时或后来制作的展现这个年代时尚的重要电影有《育婴奇谭》（Bringing Up Baby）、《愤怒的葡萄》（The Grapes of Wrath）、《卡萨布兰卡》（Casablanca）、《源泉》（The Fountainhead）、《生活多美好》（It's a Wonderful Life）、《尼罗河上的惨案》（Death on the Nile）、《飞行家》（The Aviator）、《赎罪》（Atonement）和《恋恋笔记本》（The Notebook）。

电台广播日益流行。摇摆音乐造就了大乐队时代。体育运动开始成为一门庞大的商业，棒球明星贝比·鲁斯（Babe Ruth）和乔·迪马吉奥（Joe DiMaggio）等运动员受到追捧。除了音乐广播，还有喜剧和戏剧节目，例如奥逊·威尔斯（Orson Welles）在1938年播出的《世界大战》（The War of The Worlds）。随着大量书籍和杂志的出版，阅读成为人们最喜爱的消遣方式。电视也向大众推出节目。

在交通界，工人可以开车去城里上班，开车返回郊区家中。汽车还让家庭有机会在乡村度过休闲时光，也增加了去参观国家公园的人数。阿米莉亚·埃尔哈特（Amelia Earhart）成为第一位成功飞越大西洋的女性。

技术和科学的进步包括用于制造织物的合成纤维的发展。在战时，联邦政府定量配给鞋子并发布了节约原料的规定，还控制了可用于制作衣服的面料数量。

时代风尚

在大萧条期间，女性的日间时装是保守的套装或由简朴的碎花或几何图案印花面料制作的淑女连衣裙，这些面料通常来自于回收再利用。廓形修长且强调自然腰线。晚上穿的裙子较长。尼龙长袜很受欢迎。日装的颜色反映了当时的阴郁气氛：黑色、海军蓝、灰色、棕色和绿色。

在20世纪30年代期间，男性的服装更加紧身，更加适体。男性通常穿着宽肩的三件套。裤子是宽大、高腰的款式。人们佩戴软呢帽，穿大衣。随着运动装日渐被人们接受，人们常常用针织背心替代机织马甲。

女性的时装自战争伊始就已发生变化。日装裙子的长度到达小腿肚的位置，胸腰曲线用腰带加以强调。肩部因使用垫肩而显得更加突出。面料处于短缺状态并实行定量配给，常用面料为人造丝、醋酸纤维和棉。战争将美国设计师与欧洲的影响隔离开来，这为美国设计师开拓了道路。克莱尔·麦卡德尔（Claire McCardell）在设计时考虑到了面料的限制，从而引入了可分开搭配的衬衫、半身裙和夹克。运动装的简单实用概念被人们接受。松糕鞋进入人们视线，帽子是当时必不可少的配饰。

男性的时装受到了军装风格的影响，包括水手短外套和双排扣水手大衣在内。运动装是由各种面料制成的夹克和裤子，对男性来说，它属于休闲服装，而不是正规套装。男装还有翻领针织POLO衫、热带印花图案的夏威夷衬衫和灵感源于牛仔的西部衬衫。

20世纪30年代和40年代早期的晚礼服既时尚又优雅。晚礼服是曳地长裙，并且往往后背镂空，模仿独具魅力的电影明星风格。设计师阿德里安（Adrian）为琼·克劳馥（Joan

图2.8a
大萧条时期的日间时装风格保守

图2.8b
晚装模仿芭芭拉·斯坦威克（Barbara Stanwyck）等银幕明星的风格，极富魅力

Crawford）设计了电影服装。艾尔莎·夏帕瑞丽（Elsa Schiaparelli）受到超现实主义艺术的启发，创作了可穿戴的前卫艺术作品。一些便宜的装饰物，如塑料亮片和仿金银线金属丝等，

可以让女性花较少的钱打造出奢华的外表。她们会去看电影、逛大百货商店、浏览邮购商品广告目录和杂志，来了解最新、最时髦的事物。美女照上的女孩会模仿好莱坞风格，贝蒂·格拉布尔（Betty Grable）等在士兵中很受欢迎。

时代进展

经历大萧条和第二次世界大战后，男性和女性的角色发生转变，价值观也发生变化。一种不太正式的新生活方式应运而生，并体现在服装、娱乐和休闲中。

作为在战时与欧洲缺乏沟通、相互隔绝的结果，美国时装产业终于自成一体，形成了一种不同于欧洲的时装分销方式。法国高级定制设计师是富有创意的创新者，他们把作品销售给私人客户，但是在战争期间，许多时装工作室被迫关闭。与欧洲的系统不同，美国设计师的工作主要是为成衣制造商开发季节性的系列，产品会提供给零售商店的买手，然后卖给普通大众。反过来，零售商店买货是为了让消费者能够看到并购买这些货品。这种新的购物系统成为一种休闲活动，一种让衣服能被卖出去和为大众提供风格和时尚趋势的渠道。百货商店通过销售品种繁多的产品、在商店里配置餐厅以及举办能加强购物体验的活动，为消费者创造购物体验。商店按照昂贵、适中和廉价的服装部门来组织货品。

在十多年的限量供应和定量配给制后，战争结束时，社会已做好变革的准备。英国和美国的设计师与制造商已准备好实行批量生产。

1946—1959：新风貌和时尚从众

时代精神

第二次世界大战结束后，全球文化互动的新时代拉开帷幕。个别国家的影响不再处于主导地位。相反，在多国政治和文化融合的帮助下，整个世界获得进步。苏联、东欧、中东和亚洲对欧洲和美国的生活方式产生了影响。

在欧洲，战后时代充满了战争破坏后重建经济、社会和结构的需要。温斯顿·丘吉尔出任英国首相，伊丽莎白女王即位。同时，法国重新树立起它作为世界时尚之都的地位，在战争孤立期间突飞猛进的英美时装产业仍然是时尚界的强大力量。

美国在战后加入了北大西洋公约组织（北约），即北美和欧洲共同防御条约。美国结束了多年来的孤立状态。此外，美国宇航局（NASA）成立，与苏联的太空竞赛由此展开。太空竞赛仅仅是美国和苏联冷战的一个方面。两大战胜国分别有着不同意识形态，这是它们竞争成为世界领先超级大国的时期。

美国的经济和出生率在这一时期显著增长。许多家庭搬到郊区并建造新的居所。男性和女性的角色恢复传统，男性外出工作，女性照顾家庭。操持家务和生儿育女被视为女性的天职。随着家用电器和家具的销量上升，家庭用品的需求量和制造量节节攀升。由于业余时间和收入的增加，家庭生活变得丰富多彩。信用卡在美国各地普及。电视比收音机更加受欢迎，成为家庭的主要娱乐形式。美国将种族隔离裁定为违宪。在医学和科技方面，科学家成功研发了脊髓灰质炎疫

图2.9a
伊丽莎白女王开始统治英国

图2.9b
电视等新的娱乐形式开始出现

苗，并发现了人类DNA。

摇滚乐的诞生使美国青年团结起来，打造出埃尔维斯·普雷斯利（Elvis Presley）和巴迪·霍利（Buddy Holly）等偶像。《美国音乐台》（American Bandstand）成为热门电视

图2.9c
第一张信用卡问世

图2.9d
埃尔维斯·普雷斯利（Elvis Presley）带动了摇滚乐的风靡

节目。杰克逊·波洛克（Jackson Pollock）和威廉·德·库宁（Willem de Kooning）凭借他们的抽象表现主义作品获得了官方认可。电影明星詹姆斯·迪恩（James Dean）成为叛逆青年的文化偶像。当时或后来制作的展现这个年代时尚的重要电影和电视节目包括《后窗》（RearWindow）、《无因的反叛》（Rebel Without a Cause）、《飞车党》（The Wild One）、《甜姐儿》（FunnyFace）、《油脂》（Grease）、《回到未来》（Back to the Future）、《我爱露茜》（I Love Lucy）和《快乐时光》（Happy Days）。

时代风尚

在法国，克里斯汀·迪奥（Christian Dior）推出富有女性气质的"新风貌"服装，长裙、细腰，与战时的实用风格形成鲜明对比。帽子和高跟鞋使整个造型更加完美。香奈儿的商店重新开张，珍珠装饰的无领粗花呢西装很受欢迎。在美国，设计师创造了他们自己的款式，从查尔斯·詹姆斯（Charles James）和阿诺德·斯卡西（Arnold Scaasi）设计的正式晚礼服，到克莱尔·麦卡德尔（Claire McCardell）和保妮·卡什（Bonnie Cashin）设计的舒适运动装。女性甚至在庭院里干活时都穿着裙子。裤子和牛仔裤有违公认的时尚规则。

"冷饮小卖部风格"的青少年摇滚歌迷穿着各式服装在舞池里大出风头，她们在多层尼龙网眼衬裙上再穿一条及膝裙，用弹性束带系紧。贵宾裙上装饰着方格或大波尔卡圆点。马尾辫、短袜和平底鞋使整个造型更加完整。

男性的时尚一直保持着"常青藤联盟"风格，穿着保守的套装和纽扣衬衫。灰色法兰绒西服是基本款，经常搭配一顶软呢帽。对于运动和休闲时光，人们会穿着针织衫、裤子和运动夹克等单品。及至20世纪50年代末，叛逆的外表给年轻男性的时尚增添了灵感：皮夹克、牛仔裤、T恤和机车靴。

时尚的进步是由新的产品和制造方法推动

图2.10a

克里斯汀·迪奥（Christian Dior）的"新风貌"衬托经典的女性气质

图2.10c

青少年们参加短袜舞会，促进了贵宾裙的流行

图2.10b

男演员詹姆斯·迪恩（James Dean）穿着皮夹克和牛仔裤，成为叛逆青年的偶像

图2.10d

女演员玛丽莲·梦露（Marilyn Monroe）的外表性感迷人

的。涤纶和新型人造纤维与面料的发展带来易洗免烫的便捷。尼龙搭扣初次面世。服装的生产更加迅速，并且产地扩大到全球范围。

时代进展

在文化方面，这十年发生了重大变化。20世纪50年代出生的那代人被称为"婴儿潮一代"，许多人获得了上大学的机会。年轻人开始质疑他们父母那套保守的价值观，传统的氛围让年轻人和没有社会归属感的人孤立起来。对民权的支持和对平等的抗议都有所增加。显而易见的是，回到战前的状态是不可能的。年轻人和社会上的长者开始发生争执，助长了未来十年的势头。

1960—1969：摩登派和青年革命

时代精神

20世纪60年代是一个变化、革命和反叛的时代，无论是文化上、社会上还是政治上。人们探索太空，价值观和生活态度发生改变，并且出现了一种新的政治方向。环境和能源问题被提上日程。关于性自由和毒品实验的新态度形成了这个时代的代沟。

在美国，年轻的约翰·肯尼迪被选举为第35任总统，由此带来了变革的希望。不幸的是，肯尼迪在任职三年后被暗杀，由此造成美国年轻人的反叛，反对战争的抗议在街头爆发。然而，和平部队的成立让一些美国年轻人有机会在发展中国家生活和工作，促进了世界和平与友谊。太空探索在持续进行，阿波罗11号在月球着陆。尼尔·阿姆斯（Neil Armstrong）特朗

图2.11a
披头士乐队把英国音乐带到美国

图2.11b
美国人成功登上了月球

图2.11c
马丁·路德·金（Martin Luther King）领导的民权运动

成为在月球上行走的第一人，他的话激励了全世界："一个人的一小步，全人类的一大步。"

追求平等上升为女性和少数群体的主要问题。女权运动在这一时期兴起，避孕药的问世给了女性一种性自由的新感觉。从20世纪50年代的民权进步开始，牧师马丁·路德·金（Martin Luther King）博士和他的演讲《我有一个梦想》鼓舞了20世纪60年代的人们争取更大程度种族平等的运动。在马丁·路德·金和民权支持者罗伯特·肯尼迪（Robert Kennedy）议员被暗杀后，民权运动热情不复；然而，这项运动仍

图2.12a
第一夫人杰奎琳·肯尼迪（Jackie Kennedy）以她标志性的平顶小圆帽和永恒的精致而闻名

图2.12b
英国著名的时装模特崔姬（Twiggy），以她瘦削、棱角分明的身体和引人注目的大眼睛而闻名

图2.12c
嬉皮士用扎染的服装、长发、彩色长念珠和随心所欲的衣物打造不合常规的穿衣方式

然实现了这十年的主要目标。

在社会和文化方面，这个时代的混乱促进了艺术和音乐界的原创。披头士将英国音乐带到美国，形成了"披头士狂热"；与此同时，沙滩男孩（The Beach Boys）、詹尼斯·乔普林（Janis Joplin）和吉米·亨德里克斯（Jimi Hendrix）等美国音乐人成为当红歌手。摇滚音乐的追随者以"嬉皮一代"著称，他们反叛社会规范。这种年轻人的文化与他们父母传统的生活方式和态度截然相反。1969年的伍德斯托克音乐节（Woodstock）是那一代年轻人的盛事。

波普艺术家安迪·沃霍尔（Andy Warhol）以创作金宝汤罐头、可口可乐等美国标志性产品的版画以及绘制20世纪50年代的流行偶像玛丽莲·梦露（Marilyn Monroe）和埃尔维斯·普雷斯利（Elvis Presley）的名人肖像而出名。当时或后来制作的展现20世纪60年代时尚的重要电影和电视节目包括《蒂凡尼的早餐》（Breakfast at Tiffany's）、《西区故事》（West Side Story）、《放大》（Blow-Up）、《毕业生》（The Graduate）、《局外人》（The Outsiders）、《迪克·范·戴克秀》（The Dick VanDykeShow）和《桃乐丝·戴秀》（The Doris Day Show）。

前瞻者

"对藏品的补充"

在寻找可以补充到藏品中的时装时，我们会关注它在历史和审美上的意义。例如，这位设计师的影响力如何？这个款式是否具有原创性和前瞻性？

——瓦莱丽·斯蒂尔博士（Dr.Valerie Steele）
纽约时装学院博物馆馆长兼首席策展人

时代风尚

这个时期的时尚以其遵从性和反正统派的诉求来区分。服装成为探索新的价值观和寻找群体归属感的一种方式。这个时代的初期出现了比后面几年更为保守的时装。男性穿着夹克、裤子和运动T恤，维持着一种干净得体的外观。女性穿着适体的淑女裙，裙摆在膝盖以下。杰奎琳·肯尼迪（Jackie Kennedy）用经典套装和标志性的平顶小圆帽塑造的第一夫人风格被广泛效仿。奥黛丽·赫本（Audrey Hepburn）在电影《蒂凡尼的早餐》（Breakfast at Tiffany's）里塑造出优雅的风格。像伊夫·圣·罗兰（Yves St. Laurent）、华伦天奴（Valentino）、安妮·克莱因（AnneKlein）和比尔·布拉斯（Bill Blass）等设计师以推陈出新但不失传统的风格闻名。

成衣市场不断扩大，消费者可以获得更多的时装风格。制造商开始在成本更低的国家生产服装。此外，随着时尚精品店、海军商店、购物中心的兴起以及人们对古着兴趣的复苏，零售业的格局发生了变化。

大众穿着由合成纤维制成的服装，并且采用新的面料技术。借助定制和波普艺术印花，服装成为可穿戴的艺术。迷幻的印花、高亮的颜色和混搭的图案逐渐流行。全球化影响充满了市场，其中包括印度风格的尼赫鲁夹克和非洲卡夫坦长衣。没有任何一种风格比迷你裙更能定义这个时代了，裙子的长度是有史以来最短的，露出膝盖，直到大腿上部。

随着这十年的发展，时尚变得更加激进，出现了吸引特定群体或"风格部落"的风格。风格部落的人群穿着独具特色的款式来表明自己与这个群体的联系。年轻人，通常是青少年，认同自己的群体并与主流文化区别开来，人们可以通过服装辨别他们。反主流文化的外观是建立在对生活方式的选择上，从对音乐的兴趣到闲暇时间的追求。新的着装风格和趋势经常在街头涌现出来，而不是来自于时尚秀场。

摩登派风格最初是在披头士和英国的影响下流行起来的。玛丽·奎恩特（Mary Quant）推出了迷你裙，与首饰、紧身裤袜和及膝长靴搭配穿着。男性的穿着为爱德华风格，长发剪成蘑菇头，佩戴眼镜。女性把当红模特崔姬（Twiggy）理想化，她的发型蓬松或戴假发，穿迷你裙和长筒靴。狂野的图案和明亮的颜色很流行。

嬉皮风格开始成为年轻男性和女性都可以穿着的自由风格。衣服通常是吉普赛风格，宽松且由天然纤维制成。衣服上有很多手工细节，例如扎染、蜡染和刺绣。佩花嬉皮士的全套服装包括喇叭牛仔裤、不穿胸罩的透视束腰外衣、发带和情爱珠。男性和女性留长发或非洲式爆炸头。

太空时代风格的服装逐渐流行，设计师将未来感的合成面料制成几何廓形。金属、纸或塑料等材料被连接或粘在一起，以金、银等金属色强化其外观效果。设计师如帕克·拉巴纳（Paco

Rabanne）、皮尔·卡丹（Pierre Cardin）和安德烈·库雷热（André Courrèges）均以未来感的设计而成名。

时代进展

20世纪60年代彻底改变了未来时尚的方向。个性和自我表达变得至关重要。人们不再追随社会精英，而是形成了自己的风格，这一事实改变了人们后来感知和创作时尚的方式。甚至欧洲的时装设计师们在看到美国成衣产业的增长后，也开始开发高级成衣系列。

在20世纪60年代，时尚变得几乎没有性别之分，这反映了人们对待性别的传统态度发生了变化。男性和女性穿着类似的服装品类，比如长裤和牛仔裤。女性开始穿套装和吸烟装。在接下来的十年里，女性为追求平等和反抗关于女性美的既定观念而努力奋斗。

在这个十年的最后阶段，随着经济环境的恶化和社会的持续不稳定，早期感受到的乐观情绪开始消失。

1970—1979：街头时尚和自我的一代

时代精神

20世纪70年代，社会动荡不安。在这个时期发生的几个主要事件包括：反对越南战争的反战示威、第一次同性恋游行以及地球日运动的开始。女性和少数群体继续努力争取平等的权利。经济状况和持续的通货膨胀加剧了时代的混乱。人们企图逃离现实并寻找自己的内心。这个时期被称为"唯我10年"，因为大多数人的主要

关注点从20世纪60年代所看重的社会和政治公平，转变为一种更加自我中心的对个人幸福的关注。当美国人转向内在时，他们会通过精神恢复、阅读励志书籍或锻炼来寻求安慰。许多人放弃追求完美的世界，转而努力完善自己。

20世纪70年代初，越南战争正处于最激烈的时候，反战抗议不断升级。在水门丑闻和理查德·尼克松总统或遭弹劾的局势下，美国政治体系发生动摇。尼克松于1974年成为第一位辞职的美国总统，这是公众对从政者不信任的象征。

从二战结束到20世纪60年代尾声，美国经济经历了一段持续时间最长的增长时期；然而，1973年阿拉伯对石油的禁运造成天然气价格上涨，美国推行定量配给制，经济在20世纪70年代中期跌至自大萧条以来的最低点。

人口老龄化改变了社会结构。婴儿潮一代离开大学，成家立业，安顿下来。女性在商业、政治、教育、科学、法律甚至家庭方面都成就斐然。人们对婚姻有了新态度，离婚率开始上升。

同性恋运动在20世纪70年代向前迈出一大步，政坛人物哈维·米尔克（Harvey Milk）公开同性恋身份并参加竞选，赢得旧金山监督委员会委员一职。联邦和州立法机构也通过了反同性恋歧视的措施。在这十年里，许多名人出柜（Came out），同性文化也由此成为媒体关注的焦点。

在最受欢迎的娱乐形式——电视的推动下，流行文化继续影响着时尚。到20世纪70年代，几乎每个美国家庭都有一台彩色电视机，有些家庭甚至拥有两台或两台以上。在电影领域，影片《周末夜狂热》（Saturday Night Fever）和《星球大战》（Star Wars）炙手可热。当时或后来制作的展现20世纪70年

图2.13a
《星球大战》成为一种全球现象，这部电影基于一个迎合流行文化的虚构宇宙

图2.13b
电影《周末夜狂热》中，约翰·特拉沃尔塔（John Travolta）穿着著名的白色迪斯科套装

代时尚的重要电影和电视节目包括《年少轻狂》（Dazed and Confused）、《杀戮战警》（Shaft）、《安妮·霍尔》（Annie Hall）、《几近成名》（Almost Famous）、《脱线家族》（The Brady Bunch）、《霹雳娇娃》（Charlie's Angels）和《70年代秀》（That'70s Show）。

音乐在这十年经历了许多变化，摇滚乐不断发展，产生了新的类别，比如朋克摇滚、新浪潮和重金属。放克也作为一种独特的非裔美国人音乐形式出现，放克和摇滚的灵魂元素创造出一种名为迪斯科的舞蹈热潮。

科技界的进步包括电脑的发展。软盘是随着计算机的流行而出现的。零售条形码首次应用于管理库存。在旅行方面，大型喷气式飞机为商业飞行带来了变革，家庭成员拥有自己的汽车也变得更加普遍。

在时尚界，杂志将新的价值观和生活方式纳入考虑范围。贝弗莉·约翰逊（Beverly Johnson）成为第一个登上美国版《时尚》（Vogue）封面的黑人模特。品牌和商标的知名度不断提高，美国设计师成功地被全球消费者接受。更多的美国产品在海外制造。

涤纶获得广泛使用，以其明亮的颜色和质感而闻名。涤纶服装很有吸引力，因为它们容易清洗，并且不需要熨烫。大量涤纶产品充斥着时装市场，导致其丧失了时尚优势。面料中加入氨纶，开始具备弹性。

图2.14a
设计师牛仔裤成为男女服装的必备单品,设计师品牌出现在牛仔裤上

图2.14b
电视剧《霹雳娇娃》是最早将女性主角引入到这类传统上以男性为主角的剧目之一。

图2.14c
伦敦设计师薇薇安·韦斯特伍德(Vivienne Westwood)成为极端朋克摇滚时尚的代名词

时代风尚

20世纪70年代的时尚和这个时代一样不合常规。在这个时代,决定哪些风格流行或不流行的规则变得无关紧要。裙子的长短不一,有迷你裙、及踝裙、中长裙;与此同时,女性也开始穿着裤装,愈加令人迷惑。

在20世纪70年代以前,女性穿裤装并不常见,而且某些高级餐厅拒绝女性穿着裤装入内。当女裤被人们接纳时,飘逸的晚装阔腿裤、长裤套装和热裤等新种类的裤子随处可见。热裤是非常短的短裤,用各种不同的颜色和面料制成。热裤让女性可以穿比60年代的超短迷你裙还要短的衣服。女性第一次觉得她们可以穿任意长度的下装,这是时尚界从未出现过的概念。

男性和女性开始穿得更加随意,牛仔裤成为现代衣橱的必备单品。设计师们利用这股牛仔热潮捞金,推出了设计师牛仔裤,公开展示自己的

品牌,卡尔文·克莱恩(Calvin Klein)也因此成为家喻户晓的名字。他的公司开始进军化妆品和男装行业。

种类繁多的选择使人们更加个性化,风格部落的影响力更强。生活方式相似、个人偏好相同的人继续根据他们的外观被分类。一些时尚追随者倾向于经典、朋克、嬉皮或迪斯科风格。

当时的经典款式包括拉夫·劳伦(Ralph Lauren)的设计,他出售英美怀旧风格服装,如POLO衫、花呢、格子呢和船鞋等。该品牌不仅为人们的休闲活动增加舒适感,而且注重生活方式的改变。其他的经典款式,例如职业女性套装,则借鉴传统男装的风格。对于男性来说,合身的运动夹克和休闲西装很受欢迎。由涤纶制

成的便装包含一件配套的喇叭裤和一件宽松结构的开门领夹克，便装的颜色不同于20世纪70年代之前常见的男装颜色。对于女性来说，黛安·冯·芙丝汀宝（Diane von Furstenberg）推出的裹身裙通常由平纹针织面料制成，这种裙子包裹着身体，在腰部用腰带固定。对于那些需要时髦职业装的工作女性来说，这种裙子很有吸引力。

20世纪70年代晚期，朋克风貌达到顶峰，这可以追溯到设计师薇薇安·韦斯特伍德（Vivienne Westwood）。她凭借为朋克摇滚乐队"性手枪"（The Sex Pistols）所做设计和造型而闻名，乐队穿着绑带裤和旧衬衫，仅用安全别针把它们固定在一起。黑色皮革、铆钉装饰和链条是朋克风貌的一部分。安全别针成为鼻子和耳朵的饰品，尖铆钉装饰的项圈被戴在脖子上。莫霍克发型、夸张的发型和妆容使整个造型更加完整。

随着多元文化风格不断的融合，嬉皮造型继续流行。高田贤三将野性的图案和大胆的颜色结合在一起，创造出令人兴奋的充满民族风情的服装。从田园罩衫到中国式绗缝夹克，再到印度棉纱裙，似乎每个民族的形象都能形成一种趋势，世界各地的工艺技能得到复兴。情绪戒指也大受追捧，佩戴者可以通过改变戒指的颜色来展示自己的情绪。

迪斯科风貌在20世纪70年代的传奇夜店54俱乐部大为流行。霍尔斯顿（Halston）是这十年来最杰出的设计师之一，他为当时的许多名流和潮人设计了别致优雅的服装，价格不等。他以推出仿麂皮而闻名，还设计了吊带式露背礼服和简单的紧身裙，这些都是人们在跳舞时经常穿的。迪斯科风格还包括厚底鞋，鞋底高度从2英寸到4英寸不等，舞蹈紧身衣以及对男性和女性都具有吸引力的中性外表。浮华、魅力和光芒吸引了迪斯科舞者。约翰·特拉沃尔塔（John Travolta）在《周末夜狂热》中所穿的白色套装是迪斯科风格的完美典范。

时代进展

在20世纪70年代的最后阶段，越南战争终于结束，既定的社会习俗发生变化。普遍的时尚规则不再适用。随着消费者的主导和风格部落的增加，时尚系统需要革新。街头的风格往往决定了什么时尚会进入主流。了解世界大事和新闻的渠道越来越多，时尚受到政治体系、人口统计数据和变化的价值观等各种因素的影响。随着经济危机接近尾声，新的事物即将出现。先进的新技术和不断增长的全球制造业为时尚提供了一个崭新的未来。

1980—1989：后现代主义和过剩时代

时代精神

这一时代以从单一的时尚理想转向"怎么都行"的后现代主义态度而闻名。这个十年到处都过剩，人们的口头禅是"越大越好"。对新财富的渴望和消费的欲望紧随着20世纪70年代的经济衰退而来。20世纪80年代是一个经济增长的时期，得到了婴儿潮一代和雅皮士（年轻的城市专业人士）的支持。品牌名称和设计师品牌成为社会地位的象征，信用卡和可支配收入的增加给了人们渴望已久的购买力。

在这个十年之初，当罗纳德·里根成为美国

总统时，他为这个国家带来一种富有魅力的成熟感。在经济方面，美国从20世纪70年代的经济衰退中复苏，股票市场飙升。人们渴望努力工作挣钱，更渴望炫耀他们的财富。

世界大事仍具有挑战性，中东地区发生武装冲突，美苏之间的冷战仍在继续。核武器威胁到世界和平，美国致力于控制核武器的泄露并与苏联签订条约。在英国，查尔斯王子和戴安娜·斯宾塞王妃的婚礼成为1981年的头条新闻。

在社会方面，女性取得了巨大的进步，在职场上成为"女强人"，即能够兼顾工作、家庭和生活的女性。职业女性开始先建立事业，再生儿育女，许多家庭享受着父母双方的高薪职业带来的双份收入。

由于性行为的改变和吸毒人数的增加，艾滋病在这十年里迅速扩散。这种传染病给时尚产业带来重创，许多深受欢迎的设计师和时尚领袖在感染艾滋病之后去世，其中包括派瑞·艾力斯（Perry Ellis）和霍尔斯顿（Halston）。

电脑在工作场所得到普及。电脑采用现代化电信技术和新的设计应用软件，使商业系统发生改变，工作效率提高，一个新的技术时代开始了。新技术促成全球制造业增长。电脑为人们带来新的电脑游戏，重新定义人们的休闲时间。电子游戏《吃豆人》（Pac-Man）发行，红白机

（任天堂娱乐系统）问世。

在这个时代的众多影响因素中，流行文化成为把人们联系在一起的有力方式。随着第一个全音乐电视频道MTV在1981年的诞生，音乐表演者成为超级流行明星；例如，迈克尔·杰克逊（Michael Jackson）和麦当娜（Madonna）。说唱音乐和嘻哈音乐等新的音乐流派出现。音乐人和名人携手合作，通过举办活动来为饥荒救济、环境灾害和人道主义援助募集资金。20世纪70年代的迪斯科舞蹈狂热持续到80年代初，新的舞蹈风格开始流行，包括霹雳舞，它是一种来自街头的舞蹈风格。

电视让观众有机会在新的晚间节目中看到这个时代的过度奢华，比如《豪门恩怨》

图2.15b
在现场音乐会上，超级明星麦当娜（Madonna）以叛逆和挑衅的态度挑战极限

图2.15a
电脑和电子游戏成为主流，带领新技术走向全世界

图2.15c
"大即是好"是20世纪80年代的信条，从戴安娜王妃与查尔斯王子在伦敦结婚时穿的婚礼服上即可看出

图2.15d
被誉为"流行天王"的迈克尔·杰克逊以其动感的歌唱、作曲、舞蹈和音乐视频闻名全球

（Dynasty）和《迈阿密风云》（Miami Vice），其中的浮华、魅力和垫肩让时代过剩一览无余。有线电视增加了娱乐节目，CNN推出了新闻网络。当时或后来制作的展现20世纪80年代时尚的重要电影包括《疤面煞星》（Scarface）、《闪电舞》（Flash dance）、《神秘约会》（Desperately Seeking Susan）、《好家伙》（Goodfellas）和《华尔街》（WallStreet）。

一些超模比电影明星还受欢迎。辛迪·克劳馥（Cindy Crawford）、克莉丝蒂·杜灵顿（Christy Turlington）、娜奥米·坎贝尔（Naomi Campbell）和琳达·伊万格丽斯塔（Linda Evangelista）是最受欢迎的时代偶像，她们出现于秀场、顶级杂志的封面和时尚视频中，超模在世界范围内获得认可。

到1987年，富裕的时代以股市崩盘而告终。在这十年接近尾声之际，乔治·布什当选美国总统，国家的情绪开始改变。

前瞻者

消费者模式

识别消费者模式是预测的一项重要工作。当消费者着迷于20世纪80年代时，他们会被与这十年相关的理念和生活方式吸引。前卫的街头服装和运动装主导了这个时代，因此我们必须在某种程度上对这些概念加以策划，从而推动下一季的理念。理解消费者当前的冲动有助于预测者知道往哪里引领他们。

——罗丝安妮·莫里森（Roseanne morrison）
多尼戈创意服务机构女装和成衣时尚总监

图2.16a
健身热潮把运动装带上街头，成为人们的日常着装

时代风尚

　　经济的繁荣和"大即是好"的观念定然会在这十年的时尚中体现出来。美国第一夫人南希·里根以其著名的红色套装为白宫带来了魅力，英

图2.16b
电视剧《豪门恩怨》（Dallas）中奢华、夸张的风格激发时尚灵感

图2.16c
《迈阿密风云》（Miami Vice）是一部集音乐、视觉效果和时尚于一体的电视剧，是这十年来最具影响力的剧目之一

国的戴安娜王妃用她奢华夸张的灰姑娘式的婚礼服为圣保罗大教堂带来了浪漫气息。在舞台上，麦当娜梳着"爆炸头"，穿着性感撩人的紧身胸衣。在音乐视频中，迈克尔·杰克逊穿着闪光亮片外套，戴着他著名的手套。引人注目的奢华随处可见。

　　追求成功的职业女性穿着以剪裁考究的男装为灵感的女士西装，这种服装可以塑造出强有力的肩部线条，显得优雅而专业。女性为了能够快速行走，在上班途中穿着运动鞋，到达办公室后再换上高跟鞋。追求成功的男性则身穿西装，英姿飒爽。

　　对奢侈品的渴望将欧洲设计师重新带回了美国市场。乔治·阿玛尼（Giorgio Armani）以其裁剪精致的西装和非凡的晚礼服闻名于世。克里斯汀·拉克鲁瓦（Christian Lacroix）以奢侈而戏剧化的风格著称。让·保罗·高缇耶（Jean Paul Gaultier）展示了不墨守成规和挑衅的风格，例如20世纪80年代麦当娜在舞台上穿的那件著名的紧身胸衣。克劳德·蒙塔娜（Claude Montana）和蒂埃里·穆勒（Thierry Mugler）以宽肩、细腰，颇具未来感

的廓形而著称。

日本设计师同样席卷了时尚界。川久保玲（Rei Kawakubo）、三宅一生（Issey Miyake）和山本耀司（Yohji Yamamoto）呈现了与当时的其他时尚截然不同的设计作品。大廓形的服装以非定型的形态从身体上有机地悬垂下来。无领、不成形和解构，日本系列作为一种杰出的艺术形式受到其他人的钦羡和探索。

在美国，唐娜·卡伦（Donna Karan）和拉夫·劳伦（Ralph Lauren）继续专注于生活方式的时尚，他们设计的衣服时髦、可穿戴。设计师和制造商之间的授权协议推动了商业的发展，一些设计师经常推出价格更为适中的副线时装系列。史蒂文·斯普劳斯（Steven Sprouse）以其充满艺术灵感的前卫造型而闻名。

在这个十年的初期，风格部落不断发展壮大，各自拥有不同的时尚观点。音乐电视的出现使时尚发生了革命性的变化，它为每种音乐风格赋予独有的时尚感。一些流行音乐风格的着装，比如连体裤、内衣外穿、可以搭配紧身裤或彩色长袜的楔形连衣裙。霓虹色和明亮的颜色混合形成图案，或混搭在一起穿在身上。配饰包括无指手套、大而花哨的珠宝，以及奢侈的发饰。发型经过梳理、烫卷、染色，造型夸张。

对时尚产生影响的另一因素是健康热潮和大众去健身房健身的兴趣。超大号的针织上衣下面穿着氨纶紧身衣和护腿。无论在健身房室内还是室外，都有人穿着运动鞋。

时代进展

20世纪80年代堪称一个充满文化转变和经济波动的时期。财富的增长促成工业化市场的扩张和美国的主导地位，同时也导致性别角色和理想的社会转变。这些因素对时尚产业造成了巨大影响，因为时尚产业越来越国际化，并促进了美国中产阶级的发展。在这十年的炫耀式消费过后，经济的低迷使社会清醒过来，事物开始逐渐走向克制和节俭。

1990—1999：全球化时尚和互联网爆炸

时代精神

在20世纪80年代的奢华过后，20世纪90年代以一种冷静的态度为特征，极简主义和休闲占了上风。电脑、移动电话和互联网发展中的技术进步促成全球化扩张和现代文化的革命。互联网使人们可以接触到大量信息和最新趋势。基因改造等重大科学突破引发关于克隆人和新医学治疗的伦理担忧。艾滋病在持续扩散。

在苏联解体和冷战结束后，这个时代以世界全球化为标志。因此，美国成为这个时代唯一的超级大国。这个时代被中东地区的海湾战争主导，同时还面临着国际恐怖主义的上升。在南非，平等权利倡导者纳尔逊·曼德拉出狱并当选为总统，成为反种族隔离运动的象征。

图2.17
全球化和柏林墙的倒塌象征着冷战的结束，展现了世界对国际化的深层次理解

世界经济发生剧烈变化。全球制造业和商业扩张。由于中国和其他发展程度较低的国家的生产能力提高，美国制造业持续下滑。美国、加拿大和墨西哥之间的北美自由贸易协定（NAFTA）逐步取消了限制美国进口的配额制度。在欧洲，新的欧盟货币——欧元的采用为欧洲国家带来了财政实力。

X世代重新定义了成功的商业态度，他们反抗过去十年的过度行为。随着互联网和电子邮件等电脑文化的兴起，社会大众改变了自己工作、购物和娱乐的方式。传统的朝九晚五办公室工作时制被居家办公、灵活的时间表和轮班制所改变。"休闲星期五"让专业人士有机会穿休闲装或非正式的职业装。线上拍卖场所eBay于1995年成立，被认为是网络时代的重大成功，它改变了零售业务的发展方式。邮购目录和网络购物发展起来，并变得更成熟高效。电子游戏、DVD和家庭娱乐系统，如任天堂（Nintendo）和游戏机（PlayStation）开始流行。

对电影明星、音乐偶像和超级明星越来越深的迷恋和越来越多的接触机会创造出一种新型的名人热。超模和名流作为时尚偶像占据杂志封面。电视真人秀和情景剧逐渐流行，包括MTV的《真实世界》（The Real World）、《警察》（COPS）、《飞越情海》（Melrose Place）、《海滩救护队》（Baywatch）、《宋飞正传》（Seinfeld）、《老友记》（Friends）和《辛普森一家》（The Simpsons）。当时或后来制作的展现这个年代时尚的重要电影包括《云裳风暴》（Prêt-à-Porter）、《霹雳舞》（Breaking）、《街区男孩》（Boyz n the Hood）、《甜心先生》（Jerry McGuire）、《独领风骚》（Clueless）、《纽约黑街》（New Jack City）、《为所应为》（Do the Right Thing）、《律政俏佳人》（Legally Blonde)和《社会威胁》（Menacell Society）。

大型购物中心开业，比如位于明尼苏达州明尼阿波利斯的美国购物中心，占地78英亩。许多的奥特莱斯购物中心建成，以销售打折商品为主。为了提高销售额，设计师开设价格稍低的副线。零售商开始生产自有品牌的私家商标货品。

由于根深蒂固的女性角色正在转变，女性主义获得更多人的接纳和宣传。即使是离婚和非传统的家庭结构也变得司空见惯。残疾人获得平等的机会。

与20世纪60年代类似，新的音乐类型定义了这个时代。嘻哈、说唱、另类摇滚和高科技舞曲活跃于舞台，述说年轻人的不满，使悲观的态度和价值观变得流行。每种音乐流派都影响了它的追随者，并创造出更加与众不同的时尚风格部落。嘻哈音乐催生了"都市潮流"；另类摇滚造就了"垃圾摇滚"的形象。在这十年的后期，随着经济的未来变得明朗，更加乐观的流行音乐登上舞台。

詹尼·范思哲（Gianni Versace）是时尚传奇人物，他把街头风格和高端时尚美学结合起来，以超性感的男装和女装系列而闻名。不幸的是，范思哲在迈阿密的家门外被枪杀。另一位传奇人物是戴安娜王妃，她在巴黎死于一场车祸，令数百万的仰慕者泪流满面。

时代风尚

20世纪90年代早期的时尚反映了极简和非正式着装规则的时代精神。在这十年里最为重要的一点是个人主义的盛行。人们不像过去那样追随时尚，而是与此相反，将非时尚奉为新的时尚。在这个"怎么都行"的时代里，引领潮流的是穿出生活方式和为融入风格部落而穿衣。

黑色成为极简主义服装的主要颜色，同时配饰和装饰消失了。廓形是简单而干净的。吉尔·桑德（Jil Sander）和卡尔文·克莱恩（Calvin Klein）以无色彩、流线型的风格而广为人知。

无论身处职场还是居家，人们普遍接受非常休闲的风格。这种放松的态度映射出允许男性穿斜纹棉布裤、宽松的衬衫、不打领带的新的工作环境，盖璞（Gap）、香蕉共和国（Banana Republic）等商店设计的服装就满足了这种更加休闲的需求。女性经常把宽松的服装穿在吊带裙或贴身背心等以女士内衣为灵感的单品外面。随着氨纶的广泛使用，许多机织面料具有弹力，使服装更舒适，方便穿着。此外，20世纪80年代的健身服演变成一种日常服装，比如瑜伽服和针织运动装。Travel-Smith等目录公司针对出差的职业女性推出了易打理的针织单品。

西雅图舞台上的另类摇滚音乐人吸收了垃圾风格，这种风格以不协调和凌乱的服装为特点。法兰绒衬衫、破损的牛仔裤、匡威运动鞋和来自二手货商店的单品被叠加在一起，打造出这种衣衫蓬乱的外观。垃圾风格的追随者与上个十年那种华而不实的审美背道而驰，音乐和时尚成为人们反叛社会的道具。反时尚成为主流时尚。马克·雅可布（Marc Jacobs）率先将垃圾风貌带到时尚秀场，但当时并未获得成功。

20世纪70年代和80年代的朋克风格演变为哥特风格。这种另类的时尚也被称为工业朋克，其特点是深色皮革外衣、紧身胸衣和金属铆钉，搭配渔网袜与厚底皮靴。再加上穿孔和纹身等身体艺术和五颜六色的染发，形象更加完整。

嘻哈和说唱音乐人穿着那些从街头演变为

图2.18a
另类摇滚音乐的追随者把衣着蓬乱的外表作为一种反叛形式，被称作垃圾摇滚形象

图2.18b
英国流行乐队辣妹组合（The Spice Girls）成为一种全球现象，她们作为先驱，为其他青少年流行乐队铺平道路

图2.18c
作为流行偶像的美国说唱歌手MC哈默（MC Hammer），凭借华丽的舞步和标志性的哈默裤取得了极大的商业成功

都市风格的服装。他们绚烂的着装由大廓形的衣服和能露出内裤的低腰裤组成。硕大的闪光珠宝和巨大的金链子是常见的首饰。反戴的棒球帽

和滑稽的运动鞋则画龙点睛。说唱明星肖恩·康姆斯（Sean Combs）设计了肖恩·约翰（Sean John）品牌的时装系列，让街头造型进入主流社会。

在这个十年的最后阶段，学院风格盛行。学院风格是指一种年轻的专业人士的风貌，由校队风格毛衣、经典的运动夹克、纽扣衬衫和开襟羊毛衫等传统款式打造而成。以商务套装和学校制服为灵感的学院风格与凌乱的垃圾风格形成鲜明对比。

在拥有如此多品类的个性化时装款式后，年轻人开始回溯过去来寻找灵感。古着和复古造型涵盖了以嬉皮为灵感的20世纪70年代的怀旧服装，比如紧身牛仔裤和露脐装。魔术胸罩轰动一时，它完美地强调了女性的胸部。

在欧洲，一些老牌时装工作室从英国和美国引进人才，为高级定制行业注入活力，其中包括迪奥（Dior）的约翰·加里阿诺（John Galliano），纪梵希（Givenchy）的亚历山大·麦昆（Alexander McQueen），以及古驰的汤姆·福特（Tom Ford）。在招贤纳才之外，大公司对设计工作室进行了合并，以此来发展新的形象和身份。随着服装副线、化妆品特许和配饰合约的建立，品牌和为生活方式而着装成为新的焦点。时尚产业从由风格支配的独立业务转变为由财政目标支配的时尚帝国。

时代进展

在20世纪的最后十年，多样性和个人主义改变了社会看待和反馈时尚的方式。政治、经济和技术的全球变化让时尚产业能够接触到比以前更大的市场。产业需要适应更大的全球社会的需求。时尚不再由上层支配，明显占主导地位的特定趋势不复存在。合意的廓形或特定的裙长不再是用于决定什么是流行、什么已过时的线索。

就像世界本身在变一样，时尚产业也在发生改变。科技和电脑的迅速普及改变了设计师、零售商和消费者参与时尚的方式。为了能生存下来，时尚产业开创新的方式来满足消费者的需求。随着风格部落所决定的细分市场不断增加，获得时尚趋势的单一方法已被同时进行的多种方法取而代之。

20世纪在对即将到来的新千年的喜忧参半中结束。有一件事是确定无疑的，那就是时尚将会继续演变。

2000—2009：新千年和社交网络

时代精神

在人们对重大电脑故障千年虫的普遍担忧中，1999年12月31日的午夜钟声敲响，新的世纪拉开帷幕。幸运的是，没有出现严重的技术问题。但是在接下来的一年里，恐怖分子于2001年9月11日袭击了纽约世贸中心和华盛顿五角大楼，社会的安全感和稳定感被动摇。这十年里，更多的国际恐怖分子袭击事件相继发生，中东的暴乱也在持续。政治和宗教理想的上升激化了国家之间的冲突。及至这十年的最后阶段，在社会求变的呼声中，巴拉克·奥巴马当选为美国总统。新任总统入主白宫之际，正值全球经济衰退加剧，失业率不断上升，以及国际经济状况风云变幻的时期。更多的工作被外包给新兴发达国家，中国和印度的制造业也有所增长。

在这十年中，人们对全球变暖和环境问题

图2.19a

J.K.罗琳（J. K. Rowling）的哈利波特系列书籍非常受欢迎，可以让人们逃离到一个充满女巫和魔法的幻想世界，给这个时代带来一种神秘的暗黑基调

图2.19b

全球变暖和环境问题促进绿色运动，提高人们对循环利用的兴趣

图2.19c

iPhone、iPod 和iPad等更为先进的个性化小工具使科技发生巨变

的担忧加剧，迫使现代社会去评估进步和可持续性。随着人们新近对环保型生产实践的关注，大豆、大麻、竹子和海藻制成的可持续面料陆续推出，环保活动家们找到了垃圾处理的创造性解决方案。行业对此做出的回应是创造和推广对地球友好的产品。人们也变得更有健康意识并购买有机产品。

科技让世界变得更触手可及。有了脸书和推特等互联网社交网站，人们更容易保持联系和获得消息。与音乐人、设计师、演员以及任何镁光灯捕捉到的名人的名流文化的接触鼓舞人们去追随明星的时尚造型。艺术家、社会名流和知名人士开始推出与自己的风格品位一致的服装品牌。时尚爱好者甚至能通过博客和网站找到自己的追随者。

互联网改变了人们的购物方式，消费者可以随心所欲地选择来自世界各地的无穷无尽的产品。个人主义和个人选择导致大多数行业发生变化，消费者可以定制契合自己需求的产品。"公益营销"让消费者有机会通过购买商品所产生的捐赠来支持特定的社会或慈善事业。零售商和制造商开始共享信息来推动业务。

网络购物不断发展，零售格局也出现变化以适应消费者的需求。一体化的大型超市出售各种各样的商品，从服装到食品一应俱全，人们可以进行一站式采购。H&M、Forever 21和Zara等快时尚零售商的崛起让消费者能够快速获得时尚的款式。古着商店和寄售商店提供了一种让服装、饰品和家具拥有"第二次生命"的方式。

随着iPod和iPad面世，消费者有机会将他们的娱乐选择个性化，音乐和娱乐产业经历实质性的改变。以奇幻和逃避主义为主题的电视真人秀和电影变得更加流行，而且有很多节目需要在3D环境下观看。当时或后来制作的展现这个年代时尚的重要电影和电视节目包括《迷失东京》（*Lost in Translation*）、《8英里》（*8 Mile*）、《穿普拉达的女魔头》（*The Devil Wears Prada*）、《华伦天奴：最后的君王》（*Valentino: The Last Emperor*）、《欲望都市》（*Sex and the City*）、《贫民窟的百万富翁》（*Slum Dog Millionaire*）、《一个购物狂的自白》（*Confessions of a Shopaholic*）、《九月刊》（*The September Issue*）、《汉娜·蒙塔娜》（*Hannah Montana*）、《吸血鬼日记》（*The Vampire Diaries*）、《天桥风云》（*Project Runway*）、《粉雄救兵》（*Queer Eye for the Straight Guy*）和《与卡戴珊一家同行》（*Keeping Up with the Kardashians*）。

时代风尚

新千禧的时尚受到名流文化、古着热和绿色环保时尚的影响。时尚变得以消费者为导向。满足消费者的需求和欲望是设计师成功的关键，因而他们设计了面向小众市场的款式。随着风格部落的大量增加，时尚变得更针对于特定的群体。定制让消费者得以发展自己个性化的风格。文身、穿孔和身体艺术进入主流。

随着对名流文化的兴趣增加，人们会效仿明星和潮人。借助互联网，人们几乎可以获得所有关于名人风格的信息。名人会登上顶级杂志的封

图2.20a

都市女性穿着剪裁考究的奢华服装，流露着中性的优雅

图2.20b

随着名人崇拜史无前例的高涨，Lady Gaga等歌手凭借惊世骇俗的服装和自我表现的箴言成为引人关注的焦点

图2.20c
这个时代的时尚是由消费者和他们的个人风格支配的，价值或高或低的单品以不寻常的方式混搭在一起，被称作"轻柔颓废"。这种造型经常出现在音乐节上

图2.20d
肖恩·约翰（Sean John）品牌的羊羔绒飞行员夹克与无袖上衣和印花紧身裤搭配在一起

面，参加时装发布会，并且会因他们的风格和生活方式而获得关注。许多名人推出了自己的时装系列，其中经常会包含名人曾经穿过的款式。贾斯汀·汀布莱克（Justin Timberlake）穿着以都市为灵感的服装、层叠的单品，以及新奇的运动鞋。帕丽斯·希尔顿（Paris Hilton）设计的系列与她自己浑然天成的奢华风格一脉相承。整容手术、肉毒杆菌、丰胸和丰唇手术以及吸脂手术都是为了让名人看起来更有活力。展现身材的露脐装和内衣外穿是常见现象。丁字裤和魔术胸罩使内衣市场复苏。象征身份地位的手袋占据市场主导地位，它们由最好的材料制成，并饰以魅力无穷的装饰。鞋子奢华无比，克里斯提·鲁布

前瞻者

趋势的终结

趋势就像拉丁语一样静默无声。人们不再消费趋势。过去，如果出现古希腊式趋势，女性就会穿着具有悬垂感的服装、角斗士鞋子，佩戴古希腊风格的珠宝。特定的趋势结束了！新的时尚离不开廓形、细节和结构。色板比单一颜色重要得多，预测者还应该密切关注纺织品。

——戴维·沃尔夫（David Wolfe）
多尼戈创意服务机构创意总监

托（Christian Louboutin）创意的红色鞋底成为标志性外观。

与此同时，许多设计师获得极高的声望，以至于设计师本身也成了名人，比如约翰·加里阿诺（John Galliano）、亚历山大·麦昆（Alexander McQueen）和马克·雅可布（Marc Jacobs）。迈克·科尔斯（Michael Kors）在定期现身电视真人秀《天桥风云》（*Project Runway*）节目后，成为家喻户晓的名人。

设计师来自于世界各地，比如Madam Wokie的设计师玛丽安·卡伊卡伊（Mary-Ann Kai Kai）来自塞拉利昂，渡边淳弥（Junya Watanabe）来自日本；常驻伦敦的设计师玛丽·卡特兰佐（Mary Katrantzou）出生在雅典，李相奉（Lie Sang Bong）来自韩国。随着越来越多的人使用脸书和推特，普通人可以交到许多朋友，这些人在几十年前是不可能接触到的。设计师通过为H&M和Target这样的商店推出价格更低廉的系列来吸引新受众，从而扩大自己的知名度。

伴随着这个时代全球经济衰退和"怎么都行"的态度，人们对复古时尚的兴趣激增。古着商店和二手商店建立起来。eBay和Craigslist等互联网站出售二手的产品和服装。各个年代的时装混搭在一起，创造出折中主义的外观。人们一直坚持的服装与手袋、鞋子搭配之类的时尚规则已不再适用。新的造型是日装和晚装款式的融合，或者运动和优雅风格的融合，颇具现代的前卫感。波希米亚风格流行起来，将波希米亚造型和好莱坞式魅力糅合在一起。牛仔布作为一种日常面料被人们接受，与埃德·哈迪（Ed Hardy）的复古装饰T恤搭配穿着。人们在无袖上衣的下面穿一条紧身牛仔裤或打底裤，层次丰

富，错落有致。短裙和以娃娃装为灵感的裙子回潮，穿着时可搭配有质感的紧身裤和精致的松糕鞋或芭蕾平底鞋。

可持续的设计和产品在这十年的绿色运动中占有重要地位。有机产品——食品、化妆品和时尚——变得流行起来。琳达·劳德米尔克（Linda Loudermilk）创建的品牌宣扬通过改变自己来改变地球，在满足消费者需求的同时，她鼓励人们意识到自己所生活的世界，她的设计、面料和商业模式均以可持续发展为核心。

设计师受到突飞猛进的科技启发，开始有目的、有美感地设计服装。候塞因·卡拉扬（Hussein Chalayan）以其对材料的创新应用和使用新兴科技不断创新而闻名。基因科技和现代化种植方法促成新型纺织品的技术创新和品质提高。研究人员从各个角度探索交互织物，将传感器和电路融入纤维和纱线，创造出功能新颖的织物。人们研发出的面料可以抑菌、令人产生幸福感、抵御阳光、吸收气味，以及帮助血液循环，同时仍能保持高度的美感。

消费者不会满足于徒有其表的服装，他们还想让衣服为自己提供更多服务。以实用为灵感的趋势很流行，因为消费者的着装不仅需要风格，还需要功能性。工装裤、多功能夹克以及多层叠

前瞻者

时装史的周期

时装史的周期无法预测。相反，时装设计师会参考不同年代的特定组成部分，将它们以一种新的方式组合在一起。

——瓦莱丽·斯蒂尔博士（Dr. Valerie Steele）
纽约时装学院博物馆馆长兼首席策展人

穿的外观赋予消费者渴望的舒适感与功能性。

在这十年结束之际，时尚态度更加保守。合身的衣服在男士中流行起来，修身西服很有现代感。修身的风格取代大廓形和低腰裤，更加贴合人体曲线。女性不再穿露脐装，暴露在外的皮肤也较少。

时代进展

在新千年的第一个十年接近尾声之际，时尚在继续变化。随着全球互动和文化边界的改变，新的态度影响了时尚的演变。科技进步塑造了未来的新时代，事物再也不会恢复原状。

2010—2020：21世纪10年代和全球动荡

时代精神

21世纪初的全球经济危机过后，许多低收入国家发生动乱，进而演变为社会经济危机。尤其是在中东地区，引发了许多革命，被称为"阿拉伯之春"。圣战主义组织对这个地区进行恐怖威胁，该地区居民大量移民，主要涌入欧洲，并遍及世界各地。世界大国之间的紧张局势加剧。

在美国，这些事件导致政治两极分化，并在2016年这场史无前例的大选中达到顶峰。主要候选人不仅在政治上存在巨大分歧，而且一位是女性，一位是政治局外人并最终当选美国总统。时代问题包括日趋严重的经济不平等、移民、紧张的种族关系、性别平等和同性婚姻权利。

中国超过日本，成为全球第二大经济体，同时印度成为世界上增长速度最快的国家。对核武

图2.21a
来自中东国家的大量难民

图2.21b
全球变暖成为当代最重大的环境问题

图2.21c
同性婚姻在许多国家成为可能，但是这仍然是一个备受争议的话题

器的恐惧制造出一种紧张感。由于黑客攻击和机密信息被盗，网络安全获得政府更多的关注。

全球变暖问题和环境意识增强。意大利中部、智利、尼泊尔和日本发生大地震。洪水和龙卷风造成多人丧失生命和超额损害赔偿。飓风、旋风和台风对全球许多国家产生影响。限制矿物燃料的行动仍在继续。人们遭受干旱和过度用水造成的水资源短缺。可持续建筑很受欢迎，绿色设计强调自然采光和节能的特点。

在社会方面，婴儿潮一代逐渐老去并面临

退休，人口减少。在艺术界，过度主义兴起，可被视为之前几十年艺术趋势的延续，包括波普艺术、街头艺术和视觉艺术。

在这个时代，科学和技术领域取得巨大的突破。从3D技术的进步到机器人技术的应用，新的研究和发展一片繁荣。太空探险和私有化太空旅行的可能性更加贴近现实。医学进步包括新的疫苗和对抗衰老的新方法。虚拟现实和增强现实模糊了虚实之间的界线。随着微型汽车和公路客车的开动，交通技术也在发展。通过社会网络和访问的改进，通讯技术把人们彼此联系起来，取得了持续的进步。

由于人们很快开始在线观看节目，电视和电影行业发生了变化。Netflix、Hulu和Amazon Prime为有线电视用户提供了更新的、价格更便宜的替代品。《绝命毒师》（*Breaking Bad*）、《唐顿庄园》（*Downton Abbey*）、《副总统》（*Veep*）、《行尸走肉》（*The Walking Dead*）和《橘色奇迹》（*Orange*）成为新的黑马，《穿越时间线》（*Timeless*）和《权力的游戏》（*Game of Thrones*）也很受欢迎。电子游戏行业在继续发展，开发出更多含有3D内容的复杂游戏。《精灵宝可梦Go》是一款基于位置的增强现实游戏。动画电影大多由电脑制作。超级英雄和科幻小说电影领跑票房，比如《星球大战：原力觉醒》（*Star Wars: The Force Awakens*）。其他著名的电影有《为奴十二年》（*12 Years a Slave*）、《逃离德黑

图2.22a
破洞牛仔、皮衣、皮草和棒球帽，集各种不同风格的时尚造型于一身

图2.22b
风格鲜明的时尚意见领袖二人组

图2.22c
"紧身西装"的裁剪紧贴身体线条，轮廓分明

图2.22d
运动休闲服在街头和秀场随处可见

兰》(*Argo*)、《冲出康普顿》(*Straight Out of Compton*)、《深海浩劫》(*Deep Water Horizon*)、《头脑特工队》(*InsideOut*)、《盗梦空间》(*Inception*) 和《地心引力》(*Gravity*)。

　　Pandora和Spotify等音乐流媒体服务比广播或CD更受欢迎。节奏布鲁斯（R&B）、嘻哈、独立音乐和爵士打击乐等流行音乐形式在主流音乐领域取得成功。

时代风尚

　　21世纪10年代的时尚被定义为复兴和混乱。在这个时代早期，许多出自早些年代的趋势仍在流行，包括混搭的造型、漂白和破洞牛仔服装，以及旧货商店的装扮。20世纪80年代的风格涌动，随后风靡的是20世纪70年代的车库摇滚和另类时装造型的元素。

　　运动休闲装最初是为健身房设计的，但人们上班或日常也经常穿着这类服装。这些由新型纤维或科技纺织品制成的运动套装、瑜伽裤和练功服可以吸湿，有弹性和修身效果，并且具有透气性。运动休闲装的衣身色彩明亮，鲜亮的印花与深色的色块交错，勾勒出醒目的形状。露露乐蒙（Lululemon）是一个运动服装品牌，供应时尚且高性能的运动服。一些轻松的运动休闲服装单品往往可以与传统的日常服装搭配穿着，例如男女皆宜的运动夹克和针织衫。

　　中性色成为一种微妙的风格宣言，它与极简主义的趋势一致。从象牙白到裸粉，中性的颜色既成熟又时尚。时任卡尔文·克莱恩品牌设计师拉夫·西蒙（Raf Simons）以其极简主义风格闻名。极简主义风格使用简约的设计元素，体现在服装、饰品、家居装饰和建筑中。那些渴望从过度主义中获得自由的人们想要的是简化生活和"断舍离"的趋势。

这十年之初的廓形非常瘦削、适体。男性、女性和儿童都会穿紧身牛仔裤和紧身弹力裤。男性的西服套装很纤瘦孱弱，袖子和裤子都变得更短。及至这个时代的中间阶段，偏短且年轻化的合体服装走向极端，夹克和裤子开始变得四四方方的，长度也增加了。

越来越多的服装趋向于中性化。那些传统上被认为是男装或女装的款式已成为男女通用的服装。卫衣、纽扣衬衫、牛仔裤、围巾和运动鞋是人们常穿的款式。中性的包袋包括背包、电脑包和斜挎包。把通常被认为十分男性化的结实的登山靴和充满女性化的小碎花连衣裙搭配起来的穿法很常见。

一种异想天开的趋势出现，所用的图形来自于童话故事和动漫角色。2013年，杰里米·斯科特（Jeremy Scott）成为莫斯奇诺（Moschino）的创意总监，以其受流行文化符号启发、讽刺和幽默兼备的服装而闻名。古驰的亚历山德罗·米歇尔（Alessandro Michele）推出的系列似乎毫无章法，故意显得混乱无序，图案和质感与明亮的颜色相互结合，包括鲜亮的蓝色、漂亮的粉红色和充满活力的绿色，而不是黑色和棕色。俏皮的印花可以在整件裙子和存在感外套上看到。鞋子的鞋跟和鞋底色彩丰富。超大的卡通风格和搞笑的存在感珠宝让佩戴者展现出他们个性中更加兼收并蓄的一面。

在潮人文化的影响下，留络腮胡或蓄须（如

前瞻者

这十年的灵感

野兽派、极简主义和微型空间等不同建筑风格对时尚产生影响。整体实践和灵性修行形成了舒适自如禅宗服装。工装已转变为时髦的工作服。中性风格在时尚界创造出一种灵活的服装种类。电影、节目和文学中的穿越时空主题创造了在历史中前进和后退的机会，恢复了人们对复古和未来主义风格的兴趣。

——戴维·沃尔夫（David Wolfe）
多尼戈创意服务机构创意总监

山羊胡或八字胡）在男性中很流行。无论男女，头发颜色都很极端，染成明亮色调的蓝色、绿色、紫色和粉色。在这十年的最后阶段，更加自然的发型和发色强势回归。

这个时代的著名设计师还包括艾里斯·范·荷本（Iris van Herpen），她的时装模糊了科技和艺术的边界。就像亚历山大·王（Alexander Wang）曾为巴伦夏加（Balenciaga）带来活力一样，尼古拉·盖斯奇埃尔（Nicolas Ghesquière）为路易·威登（Louis Vuitton）注入了新的生命。

时代进展

随着全球化进程的加快，人们把重点放在影响时尚消费者的社会和文化转变方面。理解不断变化的生活方式和变化的脉搏成为行业的挑战。随着科技的进步，社交媒体平台不断变化，海量的信息将会继续增加。寻找让零售和制造过程更加可持续的新方式将会引领接下来十年的研究。关于性别和社会平等的新态度的发展将会影响消费者表达自我的方式。时尚行业必须推进创意冲动，倾听自己的声音，启发周围的人采取行动并变得与众不同。

总结

为了能够成功地预测时尚未来的方向，预测者必须对过去抱有历史视点。例如，2011年凯特·米德尔顿（Kate Middleton）嫁给威廉王子时所穿的婚纱不同于现代风格，让人想起20世纪50年代格蕾丝·凯利（Grace Kelly）的经典风格。预测者必须知道每一时期流行的特定风格，以及时代精神对这些风格造成的影响，从而在这些过去的时尚元素回归当下时能够把慧眼识

珠。通过了解历史发展及其对时尚的影响，预测者将能够在调研、分析和整合的帮助下预测未来趋势。

关键词

休闲风格	极简主义
经典的	摩登派风格
迪斯科风格	学院风格
摩登女郎	朋克造型
哥特	太空时代风格
垃圾风格	风格部落
高级定制	都市风格
嬉皮造型	复古着装
嬉皮风格	时代精神

相关活动

1. 创作时尚拼贴画

为每个年代创作一份电子版（幻灯片）拼贴画，里面有能够代表时代精神和时代风尚的图像（书中图片除外）。展示拼贴画中的图像，讨论这些图像与推动下一个时代的时尚演变之间的关系。

2. 参观一家古着商店

进入复古服装店，按年代将服装进行分类。调查哪些年代的代表性服装最多，流行什么样的服装或饰品。举办一场时装秀，突出某个特定时代对当今时尚的最大影响。

3. 观看一部经典电影

选择一部经典电影，可以从本章讨论过的电影中选一部。观看这部电影，辨明当时的时代精神和时代风尚。

4. 创建一份历史时尚杂志

按章节把杂志分成不同时代，把每个时代的图像与当代造型的图像放在一起。讨论哪个时代与今天的联系最多。调查当时的时代精神并考虑它与当今时代精神的异同点。

3

时尚运动

目 标

- 解释时尚周期
- 调查时尚变化的理论
- 理解时尚运动变化的方向和速度
- 辨明时尚在社会中运动的方式

　　时尚预测者如何追踪趋势？一种趋势能持续多长时间？时尚界人士如何知道某种趋势大势已去？时尚运动接下来将会发生哪些变化？什么是时尚周期？

　　时尚一直处于运动中，这种运动以多种方式发生。对于时尚预测者来说，辨明和理解时尚在社会中运转的方式，对决定时尚的下一步走向、哪些趋势将会被广泛接受以及趋势被接受的速度至关重要。

　　为了理解运动对预测的重要性，预测者必须认识到时尚是随着季节而变化的。时尚的变化永不止息，所以为了预测消费者未来的需求和欲望，预测者不得不同时考虑变化的方向和变化的

速度。零售、设计和趋势专家会观察、跟踪和分析这些变化，从中寻找可辨认的模式和意义。预测者还会使用他们的直觉和经验来感知在生活方式、个人偏好和思潮中的转变。然而，当今时尚运动的追踪很复杂，因为一些时尚已经脱离可辨认的模式。预测者需要了解过去时尚运动发生的多种理论，从而发展出预测时尚变革的新方法。经验和实践有助于预测者推动预测进展中的复杂任务。

　　为了追踪时尚运动，预测者必须对时尚周期、时尚接受理论、钟摆运动、时尚扩散曲线和运动的原因有深刻的了解。时尚可以流动、摇摆、循环、弯曲和重复。

前瞻者

预测的演变

趋势的运动是演进的，它们会随着时间的推移而改变和成形，所以作为预测者，我们需要发现想法，将早期概念转化为实际的产品。过去，季节性的预测是由预测者以书刊和数据包的形式呈现出来的。现在，信息修订和添加的速度之快使得报告可以及时更新。有时候一种趋势开始出现，必须经过演变才能充分融入社会，整个过程要花费数天、数周、数月甚至数年，这取决于概念本身。线上服务机构让客户能够了解这些趋势从开始到过时的演变过程，以及它们如何真实地出现在商店中或消费者面前。

——莉莉·贝雷洛维奇（Lilly Berelovich）
Fashion Snoops的所有者、总裁兼首席创意官

时尚周期

时尚循环往复，或许更准确的描述是波浪式前进。想象一下你站在海岸线上看海，有些海浪是轻柔而有节奏的，而有些则是强劲而狂暴的。有些浪峰高耸，有些则平缓起伏。时尚周期也可以用类似的形式呈现。时尚周期是一种风格或趋势的生命周期，可以用一条曲线来描绘它，展现它经过特定阶段的运动过程。

时尚周期是时尚趋势经历以下五个阶段的时间段：

1. 引入
2. 上升
3. 顶点
4. 下降
5. 过时

理解时尚周期对于预测者来说很有必要，这有助于说明一种趋势及其运动。在为即将来临的趋势寻找线索时，首先要在引入阶段搜寻新出现的信息。

第一阶段：引入

时尚周期始于一个具有前瞻性的创意火花。将一种新的时尚引入市场的时机至关重要，为时过早的话，这种理念可能不会被接受。创新者在开始预测变化时，要学习趋势科学家在了解创意灵感时的反应。在这一阶段，新款式刚刚出现，开始沿着曲线向上爬升。

- 一种时尚情绪或理念即将来临
- 一种文化转变发生了
- 创新者确认新的时尚理念
- 创新者所开发的概念蕴含着新的时尚方向
- 在各大时装周、媒体、贸易展会或街头上

时尚周期

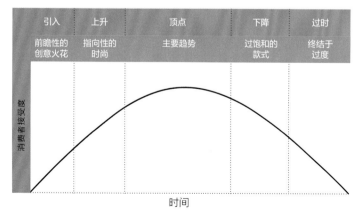

图3.1
时尚趋势的生命周期经历五个阶段：引入、上升、顶点、下降和过时

展现的风格被视为可能兴起的趋势

- 创新者可以通过预测分析获得能为他们提供信息的数据
- 设计师推出新鲜的理念、风格、色彩、面料或细节
- 时尚领袖和潮人体验新风格

第二阶段：上升

在时尚周期的上升阶段，一种新款式继续沿曲线向上运动。新的趋势或趋势组合得到认可和效仿。

- 由于获得了更广泛的认可，风格被更多人接受
- 针对大众市场展开企划
- 制造商模仿该风格，通过改变面料、降低生产成本、品质和减少细节来控制价格
- 价格降低，产量提高，销量上升

第三阶段：顶点

新款式到达时尚曲线的最高点，成为一种主要趋势。这种款式获得主流的接受，此时被看作是时尚周期的顶点阶段。

- 受欢迎程度和使用率的顶峰
- 被多个市场接受
- 出现新的设计细节、颜色和创意并进行批量生产
- 这种风格有可能成为经典
- 在大众市场进行大量销售的潜力

第四阶段：下降

款式过于饱和，时尚曲线开始下降。这个阶段行之有效的原则是一切时尚终结于过度。

- 款式的重复
- 消费者对产品的兴趣下降，需求降低

- 时尚产品充斥市场
- 来自消费者的价格阻力
- 零售商打折出售商品并进行价格激励
- 生产放缓

第五阶段：过时

最后，时尚周期的过时阶段是曲线的终点。这个阶段终结于过度。

- 消费者对款式和产品缺乏兴趣
- 无论价格高低，商品都没有零售潜力
- 消费者不愿意购买

在开始进行预测时，预测者会寻找即将来临的理念或前瞻性的创意火花，他们始终关注着新兴的想法、概念和可能的趋势。当发现到某种新款式时，预测者会通过观察时尚领袖和潮人来追踪这个款式。通过预估其可能的接受度和估算该款式成为主流所花费的时间，预测者就能开始预测趋势的潜力，识别潜在的市场和消费者。要认识到所有的时尚都在齐头前进，预测者必须理解一种趋势并追踪其所处的位置来准确地预测它的潜力。

时尚接受理论

时尚运动用三种理论来解释时尚接受的动态变化，每种理论都说明了趋势可能的传播方式，以助于对未来时尚做出更精准的预测。尽管每种理论都会因社会环境、消费者偏好和市场状况的变化而被认为是过时的，但它们都对预测过程发挥着向导作用。

这三种理论分别是：

- 涓滴式或向下流动
- 水平式或水平流动
- 逆流式或向上流动

图 3.2a‑c
时尚运动的三种
理论分别是涓滴
式、水平式和逆
流式

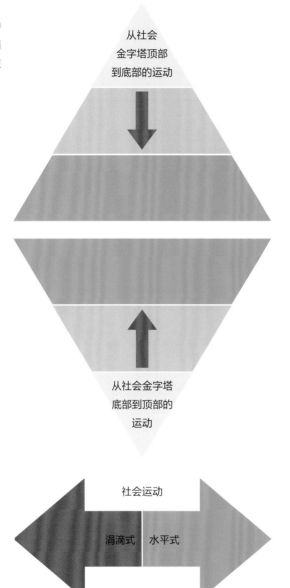

从社会
金字塔顶部
到底部的运动

从社会金字塔
底部到顶部的
运动

社会运动

涓滴式　水平式

阶级。一旦较低的阶层复制了这种款式，顶层的人们就会转向新的风格来维持社会地位和权力。

这种下降式的运动被视为"时尚机器"或者推动时尚的力量，它是由上层阶级的差异化和下层阶级的模仿促成的。精英阶层的人努力争取与众不同，然而一旦等级较低的阶层采纳了同样的风格，精英们就会转向新的东西。这种持续的运动促成了趋势的流动。

如今，时尚分析师们对这种涓滴式理论既有认同，也有质疑。一些时尚最初兴起于高端市场并首先被富人们接受。当眼光独到的大众市场制造商发现它们并将其挑选出来，主流消费者随后便能负担得起这种风格的复制品，这种模式证实了涓滴式理论。许多高端公司，如Gucci、Louis Vuitton、Chanel和 Fendi的奢侈手袋极其昂贵并且引领潮流，他们在制作这些手袋时使用的材料精美、廓形超大、装饰华丽，品牌商标得到推广。急切的大众市场制造商很快便生产了类似的低配款或抄袭款，使这个款式能够触及大众市场。与此同时，高端公司已经创造出新的风格。

一些人评论说涓滴式理论不再具有相关性，

涓滴式

涓滴理论，或称向下流动理论，是时尚接受的最古老的理论。根据这种理论，时尚是由身处社会金字塔顶端的人们支配的，随后被社会等级较低的人们效仿。拥有财富和地位的人们接受了某种风格，渐渐地，这种风格向下扩散到了下层

涓滴效应

真的设计师包

假包

提供者：杰奎琳·阿兰戈
（Jackline Arango）

图3.3
根据涓滴式理论，运动是由模仿促成的，例如高端设计师设计的手袋会对大众市场的低价复制品产生影响

因为当代社会结构发生了变化，批量生产和大众传播也已经发生了转型。精英人士不再是唯一能够制定时尚准则或者能够接触早期的信息和产品的人群。时尚在社会上的运转速度之快也支持了对涓滴式理论相关性的质疑。时尚比以往任何时候都能更快地以各种价位广泛销售。

一些人认为涓滴式理论在现代社会仍然有效。富裕阶层对奢华且高质量的产品或服务的渴望与日俱增。消费者会为他们想要的特色支付额外的费用。从可以在旅行中（付费）获得的升级到最新的电子设备，价格并没有使有购买力的消费者望而却步。

水平式

第二种理论是时尚接受的水平式理论，或称水平流动理论。这一理论假定时尚是在同一社会阶层的相似群体中运动的，而不是从一个较高的阶层向下传播到较低的阶层。这一理论认为批量生产、大众传播和新兴的中产阶级促成了一种始于二战后的新动态。不同的市场和小众市场对产品有不同的要求，并非完全取决于上层市场；生活方式、收入水平、教育程度和年龄是决定产品接受度的重要因素。

根据水平式理论，产品被各阶层接受的速度非常快，几乎是同时。"快时尚"是水平式理论奏效的一种典型方式。例如Zara、Forever 21和H&M等店铺能迅速把风格从概念转化为成品，快速周转商品，并迅速着手下一批产品。

逆流式

第三种理论是逆流式理论，或称向上流动理论，它是时尚接受的最新理论。它与涓滴式理论恰恰相反。根据这种理论，时尚接受开始于社会的年轻成员，他们往往是低收入群体。这种理论兴起于20世纪60年代，当时年轻一代开始反叛社会准则并形成了自己的风格，而不是模仿既有

水平传播

芭蕾平底鞋

派勒斯（Payless）

史蒂夫·马登
（Steve Madden）

汤丽柏琦
（Tory Burch）

提供者：埃斯卡兰特
（Ana Escalante）

图3.4
根据水平式理论，类似的款式同时出现在多种市场，比如芭蕾平底鞋

的或者老一辈的风格。从20世纪60年代的迷你裙，到20世纪70年代的嬉皮风格，再到当下通过嘻哈音乐而异军突起的都市风格，这些影响力均来自于社会底层或者街头。这些风格在由年龄和兴趣主导的特定社会群体中逐渐流行，然后最

终进入主流时尚。

逆流式理论的接受速度是很难确定的。在最初的群体中，接受速度往往很快。不同的款式或趋势获得主流接受的过程可能很迅速的，也可能很缓慢。无论速度快慢，这种理论对于预测者、

图3.5
根据逆流式理论，源于街头的时尚出现在秀场上，例如破洞牛仔裤

从街头

逆流传播

破洞牛仔裤

到秀场

提供者：布兰迪·布鲁顿
（Brandi Brewton）

时髦的。有时候这种钟摆运动发生在一个季度中，有时候这种摆动能花费数年时间。

时尚曲线

在跟踪时尚运动或时尚曲线时，确定一种趋势可能的变化速度及其影响范围是很重要的。快时尚或潮流变化迅速，然而，从时尚跃升为经典是需要时间的。

潮流

如果一种款式迅速变得流行并获得了广泛的接受，然后又迅速消失，这种现象被称为潮流。通常潮流具有一个使其流行的普遍特征或细节。这种款式似乎在短时间内出现在各个角落，尤其是在低端市场。潮流经常出现在首饰市场；例如，超大号塑料手表的潮流紧随着装饰华丽的手表潮流而来。预测者必须在时尚周期的一开始时

设计师、制造商和零售商十分重要。

时尚接受的所有理论都是有效的，因为潮流将会继续涌向四面八方。预测者所面对的挑战是吸纳多种理论并识别哪种理论对于当下针对的特定细分市场最有效。为了密切关注不断变化的时尚，在不同的理论之间切换或根据社会、经济和政治环境结合使用各种理论是有很必要的。

钟摆运动

时尚在两个极端之间的运动被称为钟摆运动。风格经常从摆动范围的一端变化到另一端。当一种趋势无法继续前进时，钟摆就开始向相反的方向运动。钟摆运动可以缓慢转变，也可以反应迅速。一种新趋势经常开始于与现有趋势完全相反的方向。

例如，牛仔裤的腰线通常位于自然腰线或与之接近的位置。渐渐地，牛仔裤的腰线开始下落，并且越来越低，最后低到不能再低的时候，方才罢休。随后，钟摆转向了完全相反的方向，腰线提高，高腰裤的新趋势开始兴起。这场演变过程花了将近十年时间。许多消费者将会继续穿着低腰牛仔裤，即使这种款式已经不再被认为是

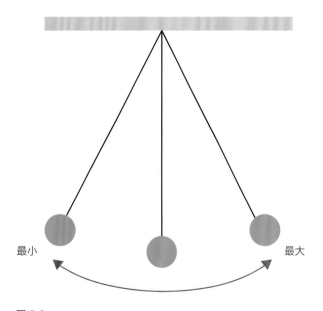

图 3.6
时尚钟摆的运动是从一个极端变化到另一个极端

时尚周期的变化

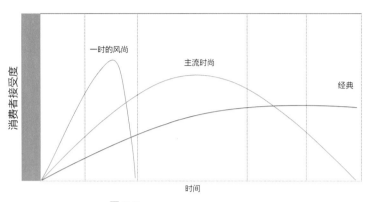

消费者接受度

一时的风尚

主流时尚

经典

时间

图 3.7
时尚周期并非总是千篇一律，相互间可能会有变化

就识别出一种潮流，并立刻报告，从而利用这一趋势。

经典

在时尚中能维持很长一段时间的款式属于经典款。经典的款式可以被描述为满足基本需求的简单设计。经典的廓形永不过时，与当下的大多数主题都能契合。例如，"小黑裙"被公认为经典时尚，不同体型、个性和风格偏好的女性都认为小黑裙是衣橱中的必备单品。对于男士来说，海军蓝、棕色或黑色等基本色的单排扣运动西装属于经典款。经典的风格摒弃夸张的细节和装饰，因而永不过时。经典的风格在时尚周期中走向顶点阶段并继续保持，不会下降至过时阶段。

图 3.8
超大号塑料手表的快速接受是一种潮流

时尚变化的速度

在时尚周期的引入和上升阶段，速度通常较快，因为消费者渴望变化。在中间阶段，消费者对变化可能不太感兴趣，接受过程也会变慢。在过时阶段，由于消费者缺乏兴趣，时尚风格很快便销声匿迹。

借助提供即时信息的科技和快速生产的技术，时尚的速度日益加快。对于制造商来说，必须及时做出设计什么、生产什么和推销什么等至关重要的决定，以便在恰当的时间为消费者提供心仪的款式。预测分析公司擅长通过咨询客户来收集数据、运用洞察力并制定策略，从而在决策过程保持消息灵通。

图3.9
"小黑裙"被公认为经典时尚

时间就是一切

趋势预测中最重要的方面就是时间。零售商可以持有符合趋势且价格适中的完美的产品，但是这并不能保证获利，除非他们与消费者保持一致。Trendalytics能够帮助零售商挖掘消费者的需求信号，在恰当的时间推出恰当的产品，还曾在一个特殊案例中帮助一位助理推售员成为英雄，没有让他错过下一个重大趋势和销售机会。

两年前，一家公司在秀场上看到飞行员夹克后，对它们进行了分类研究，但这项投资的销售情况不佳，因为这种趋势对他们的消费者来说还为时过早。随着时间的流逝，由于飞行员夹克逐渐受到其他市场的青睐（包括他们的竞争对手），团队考虑对这种趋势进行再次投资。一般来说，他们在做这项决定时会参考历史结果，上次惨淡销售的结果就会告诉他们这种趋势不适合自己的消费者。一位助理推售员根据Trendalytics的社交热点、搜索增长率和产品定价情况发现，这种趋势已从早期接受者传播到了大众市场，消费者需求不断增加。对于这一趋势他们有一个明确的再投资机会，上次行动只是时机未到。这家零售商在历史销售数据的基础上运用数据驱动的方法衡量市场需求，从而对消费者需求有了更深的了解，得以抓住时机，获得盈利。

——卡伦·穆恩（Karen Moon）

Trendalytics联合创始人兼首席执行官

时尚运动的预测

预测者必须识别新兴的时尚趋势是什么、评估接受的数量和速度并观察运动的方向，在明确这些事情之后，才能开始预测过程。要从制造商、推销商和消费者那里收集数据，从各种地方

从数据到行动

我们不止一次捕捉信息，事实上，我们会持续地追踪信息，以便能建立起完整的产品历史，包括重要事件的时间线，比如产品何时进入市场、何时打折（以及打几折）、何时售罄以及何时补货。

数据和事实的显著缺乏，加上季节性时装体系的崩溃，给行业迄今为止的运作方式带来很大的压力。市场现状是产品快速上市，高端市场也不例外。消费者期待每次光顾一家商店时都能看到新的服装，而生产能力是使之实现的坚实后盾。因此，传统的预测方法不太适用于生产时间与上市时间如此接近的现状。

当你观察Amazon等成功的零售商时，你会看到他们的成功实际上靠的是收集信息的方式以及快速将信息转化为行动的方式。客户根据我们提供的数据获得对整个市场的清晰观点并实时观察其变化。零售商可以亲眼看到根据数字而不是猜测得来的产品或趋势是行之有效的，这让他们有能力根据事实做出更好的零售决策。

——朱莉娅·福勒（Julia Fowler）

Edited联合创始人

收集可靠的事实，其中包括：

- 相关新闻：经济、国际、流行文化和科技
- 产业报道：畅销单品、新兴市场、贸易展会的发展和零售数据
- 需注意的转变：新的时尚领袖、产品、地点、事件、科技、社交媒体、网站和博客
- 消费者：街头的运动、新影响、新态度和生活方式的变化

预测者要解读针对预测的调研并使用自己的判断力来识别趋势和预示，要通过回顾某些变化的时尚周期、时尚理论和钟摆运动来确定这些变化究竟是遵循一种现成的模式还是多种模式的结合。

预测者要确定有哪些变化以及是什么在为运动提供动力，调查和分析数据并使用有根据的观点来思考新兴趋势或运动将会显现的原因和方式，还要查明谁会是最有可能的消费者以及概念被接受的速度。

最后，预测者要对可能的结果做出预测。方向或运动轨迹可能有多种结果，包括短期或长期的可能性。随着预测范围的扩大，预测者对未来预测得越远，误差幅度就越大。预测者运用他们的时尚原理知识和时尚专业技能来传达预测。

总结

时尚运动有它的周期、摆动和曲线，可以遵循几条路线，并以不同的速度运动。时尚预测者必须理解每种运动背后的理论，预测者的成功取决于他们对运动的变化和速度的观察、分析和精准的预测能力，并利用这些发现来规划时尚接下来的走向。

关键词

经典	水平式理论
潮流	涓滴式理论
时尚周期	逆流式理论
钟摆运动	

相关活动

1.为时尚运动的每种理论找一个时装款式

收集图像来说明时尚接受的三种理论——涓滴式，水平式和逆流式，使用来自当下时尚杂志或线上资源的图片，创作幻灯片来展示这些概念。

2. 追踪一个博客

通过网络寻找一个包含新时尚趋势信息的时尚博客，追踪该博客上的趋势，汇报趋势的运动。

3.追踪一个款式从创意乍现到过时的过程

找一个在时尚周期中处于即将结束阶段的款式。调研这个款式最初是何时出现的，根据时间的推移从周期开始记录到结束。

4

社会和文化影响

目 标

- 形成对长期预测和宏观趋势的理解
- 辨明人口统计、经济、政治、社会、心理和环境作
  为预测的关键对时尚的影响
- 理解文化和生活方式对时尚的影响
- 讨论时尚的可持续性
- 解释科技在长期预测中的作用

预测者如何预测未来两年或两年以上将会发生什么？帮助他们识别消费者需求变化的信号是什么？预测者如何把文化相关性作为预测成功的重要力量？他们监测到哪些生活方式的转变？科技适用于长期预测过程中的哪些方面？为什么时尚和预测会受到可持续性的影响？预测者如何在长期预测中诠释这些信息？

长期预测

时尚预测者在长期预测、未来研究或宏观趋势中预测长期的社会和文化转变、人口趋势、科技进步、人口走势以及消费者行为的发展。宏观趋势是消费者兴趣的大规模、持续性的转变。

对于这种类型的预测，时尚专家通过观察世界各地初露端倪的事物来识别变化的早期迹象。

文化转变

面对这日趋复杂的世界，作为一家趋势机构，PeclersParis的使命是破译、分析和解释将会影响消费者的期望和愿望的变化的主要社会文化驱动力的深层含义。

为了预测未来的生活方式、时尚、美容、设计和家居趋势，我们的多学科全球团队对社会学、哲学、政治、商业、文化、时尚、当代艺术、科学和技术进行解读。

PeclersParis的独特角色是成为管理者：在泛滥的信息中，我们选择最相关的趋势，帮助定义主要经济领域和市场的前瞻性愿景。

我们近期的调研展现了重大的社会文化转变，尤其是千禧一代。这些年轻人挑战规范和准则，有时候会排斥购置房产、建立家庭或步入婚姻等传统观念。

——珍妮娜·米利洛（Jeanine Milillo）
PeclersParis执行总裁

预测者专注于一季又一季不断演变的宏观理念。长期预测至少提前两年，有的甚至提前几十年。预测者必须追踪改变社会的力量并感知生活方式的变化。他们会通过瞄准消费者的欲望、需求和态度来监测文化的脉搏，从而识别社会上发生的转变，以便理解是什么助推了这种运动。例如，一种注重运动风格的转变导致运动休闲服市场的爆炸式增长。在过去几十年中，大城市里涌现出越来越多的健身俱乐部并改变了锻炼文化。舒适、便捷的俱乐部纷纷开张，招徕时髦精致的客户。对于服装制造商来说，此举打开了一个销售

设计创新、制作精良的健身服装的市场，渴望这种运动生活方式的消费者对这些产品十分青睐。功能性织物就是针对这个市场而研发的。现在这些功能性织物在所有细分市场中蔚然成风，人们在健身场所以外的场合也会穿着运动休闲服。

预测者试图理解和识别过去和现在的模式并据此判断未来可能会发生什么。预测者要辨别文化趋势，无论它们将会持续不变、发生转变，还是让步给新生事物或即将来临的事物。他们研究和分析变化的来源、模式、一致性和基础，致力于规划未来的可能性。这些未来学家努力在本地和全球范围内识别新兴的运动或力量，研究其在

纺织品宏观趋势

舒适性和功能性仍是主要趋势，但是消费者渴望更进一步，想要比现有性能更强的产品。举个例子，运动休闲市场中有具备导汗和加压性能的面料，我们还可以做到进一步智能化，比如把缓解肌肉酸痛的分区域结构整合到功性能织物中。消费者希望面料更结实耐穿，同时具有功能性。消费者的要求更高了，希望充分利用织物性能。有些用于工业用途的面料本可以用于时装商品，但由于消费者和时装业对于传统面料的观念根深蒂固，这些面料尚未投入使用。在服装方面人们很难走出舒适区。例如，丙纶可以防水，但在服装市场中，丙纶并未得到普遍使用或受到青睐。

——萨拉·霍伊特（Sarah Hoit）
Material Connexion资深材料科学家

前瞻者

生活方式影响了时尚

用聚焦生活方式来开启预测过程使我们能够与"为什么"联系起来。在今天的市场中，仅仅了解趋势是不够的，为消费者提供适合他们生活方式的答案才是引发购物的因素。

了解文化趋势的设计师或营销者更容易将想法变为现实，他们选择的产品会更热销。

——莉莉·贝雷洛维奇（Lilly Berelovich）
Fashion Snoops的所有者、总裁兼首席创意官

时尚领域得到应用的可能性。

未来研究的三个方面是：

• 检查不仅有可能、而且有很大可能发生的、更合乎心意的或者无法预言的未来

• 尝试从一系列不同学科的视角中获得整体的或系统的观点

• 挑战关于未来的不同观点，无论它们是主流观点还是少数人的观点

目标受众和消费者细分

预测者必须问的第一个问题是"消费者是谁？"识别在未来某个特定时间可能接受新产品和新想法的目标受众或细分人群对于预测时尚的演变至关重要。预测者必须识别并精准定位于那些拥有共同的生活方式、偏好和欲望的特定消费者。变化的价值观、不同的种族、文化多元化以

及生活方式更灵活的年轻消费者的新鲜观念都处于监测中。预测者一定要锁定目标消费者，并理解消费者的概况，铭记消费者会随时间而改变并形成新的观念。预测者必须辨别当下的时代脉搏，同时预见能够引领消费者向前的方式。

人口统计学、经济学、社会学和心理学特征相似的消费者群体被划分为同一消费者细分市场。当一组潜在的消费者被确认为目标市场后，商家就能够规划产品来满足这些消费者的需求和欲望。预测者可以通过询问问题并收集数据来确定这些消费者过去购买了什么以及未来可能会购买什么。消费者和时尚爱好者能够通过社交媒体与高端时尚公司产生互动。这种接触目标市场的新方式正在改变传统的广告格局并使商家得以洞悉消费者是谁以及他们的需求和欲望是什么。

预测者还需要了解以下信息：

• 消费者的人数有多少？

• 他们住在哪里？

• 他们多大年纪？

• 他们会花多少钱？

• 他们为什么购物？

人口统计学、地理学、心理学和人口特征

为了解答以上问题，预测者要调查消费者的特定性格或人口统计学特征。人口统计数据包括年龄、性别、收入、婚姻状况、家庭规模、教育程度、种族和国籍。人口统计学研究还可以把人口众多的人群划分成能够进行单独分析的更小的细分人群。

地理学研究关注人们的居住地，包括目标消

图4.1
青少年使用社交
网络来分享所选
的舞会礼服

费者所在地区的国家、州县、城市和人口信息。观念和生活方式因地区而异。过去，那些身处大都市地区的居民通常更有商业头脑，因此他们往往选择精致的职业装；乡村或农村地区的居民以休闲装为主。如今，人们可以方便快捷地通过电商和旅行购买衣服，城乡界线已经模糊。

研究还将能影响一个地区生活方式的气候考虑在内。想象一下当人们去热门景点度假时，行李中有哪些类型的服装和首饰。去迈阿密度假时，散发着热带风情的亮色吊带比基尼搭配五彩缤纷的连衣裙、金属色的平底凉鞋以及大量的金色手镯，这身行头可以从早穿到晚。在圣达菲，荒漠的酷热需要人们穿上缀有绿松石和宝石的轻薄棉质宽松上衣，搭配一条大地色的亚麻卡普里长裤，一顶西式的宽檐草帽和超大的流苏包会使

整个造型更加完整。然而在西雅图，人们需要一套随天气变化而改变的装束，当太阳落山时，适合穿破洞牛仔短裤搭配田园罩衫和高坡跟鞋，随着乌云滚滚而来，博柏利（Burberry）雨衣和印花橡胶靴则可以使人们保持时髦和干爽。在参观马萨诸塞州的南塔开特岛时，人们就会在旅行箱里装上适合观鲸或灯塔之旅的衣服，包括航海风夹克和海军蓝条纹T恤，在隐约的龙虾红、传统的卡其和白色的点缀下，造型干净利落、经典大方，搭配超大的帆布手提袋或经典的码头船鞋也不错。

世界各地的城市也都各领风骚。纽约是精于世故的，灰色和黑色等都市颜色往往占据主导地位。洛杉矶以其偏向于慵懒的风格著称，包括牛仔裤、T恤衫和以冲浪为灵感的印花和配饰。巴黎以其极致的优雅和时髦精致的服饰而获得举世公认。在伦敦，前卫时尚与现代青年思潮一并出现，与保守高贵的传统皇室成员风格形成对比。米兰以其丰富的面料和精美的皮革著称，这一点

前瞻者

不断变化的零售格局

作为预测者，我们必须了解新兴的零售场所。客户经常向我们询问适合进行趋势调研的国内外最新的购物目的地。在过去的几个季度中，伦敦街头和创意零售概念店中的确随处可见令人兴奋的时尚，我们也一直在寻找那些不引人注目的城市。

——杰米·罗斯（Jamie Ross）
多尼戈创意服务机构时尚总监

在裁剪考究的运动服装、鞋子和手袋中显而易见。东京因青少年穿着奇装异服在购物中心闲逛而声名远播。在哥本哈根可以看到极简主义和简单的设计。在新德里，带有刺绣和装饰的传统沙丽与西方风格融合在一起，打造出一种现代的印度造型。在里约热内卢，火辣的拉丁风格褶边和活力四射的图案和颜色反映出全年狂欢的精神。内罗毕时装融合了充满活力的色彩和图案，体现了非洲的文化和价值观。全球的大多数城市和地区都有其风格特质，当地时尚因而变得与众不同。然而，随着全球化程度的提高，来自不同文化和地理区域的影响因素被兼收并蓄，形成了一种多元文化时尚的新精神。

心理学是根据群体的观念、品位、价值观和担忧进行分类的研究，并通过调研来识别趋势。研究人员识别和追踪潜在消费者的个体特征，从而更好地理解他们对形象和品牌的态度。特定的消费者或群体的行为能够为预测者提供线索，表明为什么某些产品能卖出去而另一些则不能。找到原因后，就可以定制产品以满足特定消费者的需求。研究人员经常调查消费者的观点，试图更好地了解和满足他们的欲望。

在经济衰退期间，人们缺乏信心并且对自己的经济状况惶恐不安。他们所穿的颜色经常是暗灰色和深紫色。当经济开始复苏，消费者信心增强时，开始出现亮色和霓虹色。对人类来说，颜色和印花具有支配作用，变换服装的颜色能改变穿着者的感受。

人口是指居住在一个地区的总人数。预测者必须根据人口规模、人口增长率和人们的年龄来预测未来的需求。一个地区的人口也可以划分为更小的细分人群，以便研究不同的风格部落。

图4.2a‐b
巴黎和纽约的风格各具特色

社会影响

消费者的生活方式和态度与时俱进，时尚界的变化与此直接相关。时代思潮／和时代精神会随着消费者需求和偏好的变化而转变。影响当下变化的社会因素包括：

• 时间的变化——既包括休闲时间，也包括缺乏时间

• 接纳休闲和简单的生活方式

• 更大的名人影响力

• 通过新兴平台认识新的意见领袖

- 女性社会地位的改变
- 日益增加的通信方式
- 交通更加便捷
- 不断强调通常由创造力激发的解决方案
- 民族和种族人口的转变
- 新的教育机会
- 关于性别的新态度

心理学影响

人们选择穿着时髦衣服的原因各不相同，其中包括好奇心、摆脱无聊感、对传统的反应、对自信的需求以及对归属感的渴望。人们通过参与某种时尚体验来发现自我并确定自己在社会中的位置。人们所购买和穿着的衣服不仅仅是产品或者消费品，因为时尚不仅仅是衣服。

穿着某件衣服的行为定格了个人生活中的某个时刻或某一段历史。衣服为我们留存记忆，在我们最喜欢的服装背后往往有一个故事。在纽约，一家名为Story的零售商店以杂志、美术馆、精品店为切入点，不断呈现新的主题、趋势或议题。这家零售概念店使购物者有机会阅读商品背后的叙事，从而将故事传达给大众。每隔四到八周，Story就会用新的概念、风格和商品重塑自我，展示物在现代时尚和设计中创造出一种情感氛围。无论衣服带给人们的印记是喧闹而明显的，还是细微而朦胧的，我们已经捕捉到那一刻的情绪。

人们可以在时尚界探索冒险的感觉。在这趟路途中，人们可以逃离自己的日常生活并改变自身所处的现实，体验时尚的力量。这种冒险往往

图4.3a

在纽约，零售商店Story呈现新的主题、趋势或议题

图4.3b

零售商店Story和尼克国际儿童频道Nickelodeon合作的名为"曾几何时"的快闪店，主要展品为以20世纪90年代为灵感的物品

来自于设计师或艺术家的创造力，可以在无序的世界中秩序井然，还可以创造出幻想的空间。使用时尚这种工具，人们可以感知变革的力量，因为边界可以任意变形。通过意识，时尚的力量转化为意义和能力，在内心和灵魂中留下印记。

时尚预测者通过监测全球经济、政治、科技和环境方面发生的变化来预测长期变化。这些力量对社会产生了重大的影响。预测者研究文化中的变化来识别引发运动的事物，并且广泛全面地把这些信息归纳为容易理解的预测。

前瞻者

为全球受众预测颜色

为了给全球受众开发预测报告，我们需要用纵览全局的眼光从趋势的角度去看待世界各地正在发生的事情，然后把这些信息诠释为色彩语言。颜色能传递信息和意义，我们需要用调色板表达这些趋势主题。

不同的文化对颜色的选择有不同的看法，这一点我不太确定。诚然，有些文化可能比其他文化更加保守或者偏爱不同的肤色，并且可能因此影响到靠近脸部的衣服和饰品的颜色选择，但是当今世界有许多不同年龄、性别、种族的人把颜色作为一种能够表达自我的方式，所以在某种层面上，我看不出人们对待颜色的方式有何不同。

——劳里·普雷斯曼（Laurie Pressman）
潘通色彩研究所副总裁

全球经济

全球经济在塑造当今的时尚产业中发挥了至关重要的作用。预测者只有了解不断变化的世界经济状况，才能精准地预测未来。从新兴的市场和增长的贸易，到数百万人生活水准的提高，新生代消费者的潜力正在快速增长。

此外，全球制造业已在世界范围内掀起竞争。竞争者一直在寻找使事情变得更快、更便宜及更好的方式。这种竞争对消费者有利，因为这给他们带来更多选择。预测者必须认识到全球化极大地改变了时尚界的格局，并且新兴经济体的变化还将继续。例如，随着制造业在中国的发展，数百万人离开乡村地区的农业工作，投入城市的制造工作中，工资、薪金和投资不断增长，个人收入和购买力提高，使他们更有能力成为现代消费者。随着新兴市场的增加，人们可以识别新的消费者并为其提供服务。

政治

政界的变化也会影响时尚。政治事件，例如选举或领导权的转变，经常影响到全球贸易联

图4.4
中国上海开辟了新的购物场所来满足热切的消费者

盟。美国总统大选引起了巨大的社会转变，不同立场的候选人具有不同的社会吸引力：一位候选人可能更保守，而另一位候选人则更开明。当巴拉克·奥巴马当选为美国总统时，全世界都感受到了他的求变精神。2009年，新任美国第一夫人米歇尔·奥巴马带来了创新、实用、时尚的风格。她的现代风格既经典又平易近人，与现代美国文化相似。从政权更迭到贸易联盟的变化，政治转变会对时尚趋势产生极大的影响。

科学和技术

　　预测者必须了解当代科学和技术的力量。就像19世纪工业革命带来的影响那样，时尚的未来方向将会受到新技术的深刻影响，新技术会改变社会成员满足需求和欲望的方式。从时尚科技的新概念到制造业的替代方法，时尚的意义和目标正在扩大。

　　设计师设计的衣服不仅要具备美感，还要

前瞻者

生产顺序

　　如果我们把生产顺序改变为先设计，再销售，最后织造（与现行的先设计，再大量生产并寄希望于销售的系统相反），将会更加高效且具有成本效益。产品能直达消费者让我很兴奋。有许多方式可以做到这一点，其中之一就是将一定单位数量的产品制成坯布，根据需求进行染色。这将会更具有可持续性，对于生产商和零售商来说也更加节约资金。

　　——萨拉·霍伊特（Sarah Hoit）
　　Material ConneXion资深材料科学家

前瞻者

政治影响

　　关键在于知晓如何把这些转变转化为信息，这种学问来自于在考虑产品联系时关注文化变迁。例如，我们可能会在预测颜色时关注政治，寻找能代表权力的颜色。我们为激发艺术或行动主义的创意而努力。

　　——莉莉·贝雷洛维奇（Lilly Berelovich）
　　Fashion Snoops的所有者、总裁兼首席创意官

具备功能性及其以不同方式发挥作用的能力。人们在新产品中应用纳米技术和超细纤维等新型纤维、嵌入传感器，或者装饰以能产生能量的灯。

　　自适应材料能够适应环境变化。例如，同一件运动衫既能够让你在出汗时保持凉爽，也能够让你在寒冷时保持温暖。分区域性能会根据人

图4.5
Material ConneXion是世界上最大的创新材料、先进材料和可持续材料的图书馆

纳米技术

将纳米粒子分层覆盖在织物表面,进行耐久性整理。这种分子结构能赋予织物多种理想的性能,同时保持织物的悬垂性和手感不变。纳米纤维形成了一种屏障或缓冲层,因此泥土或污迹等无法渗入织物。

——阿乔伊·K.萨卡尔(Ajoy K. Sarkar)
纽约时装学院纺织品开发与市场营销系副教授

图4.6
凯蒂·佩里(Katy Perry)在纽约大都会艺术博物馆慈善舞会上亮相

体的需求来调节服装的不同区域。智能纤维和纱线会视情况改变形状。这些创新正在逐渐发挥作用,但是如何大规模生产仍是一个挑战。

此外,科技影响了时尚在世界各地的营销和分销方式。由于零售格局正在改变,购物体验也在变化。取代传统商店的互联网营销方式和虚拟试衣间以及定制功能是时尚前沿的崭新形式。虚拟体验和增强现实改变了21世纪生活的方方面面。虚拟现实技术能使人们逃离这混沌世界,不仅如此,科技还具有改变购物体验的潜力。通过一个戴在头上的虚拟现实装置,消费者就能拥有专门为他们量身定制的购物体验。甚至连未来的购物中心也有望成为一种虚拟的体验,商店设计师可以使用虚拟现实平台创造的空白画布来测试零售空间、性能并监测消费者的偏好。

机器人技术的普遍应用正在改变创新格局。机器人在仓库中很常见,自动化的零售服务机器人预计也将出现在商店里。机器人不仅能够扫描和盘查商店中的存货,还能使用声音识别来帮助消费者,像售货员一样在店铺中引导顾客找到商

品。由于机器人会在编程时被置入有用的数据,所以它们的准确性远远超过人工。消费者将不会在商店里遇到过于热情的售货员,而是会得到机器人的帮助。当涉及理解消费者时,机器人的短处在于无法解读人类的情绪和言谈举止,但进一步的研究和开发正在进行中。人类对未来机器人的规划是提升产量、降低成本和改善消费者的购物体验。

环境影响

预测者会监测社会对环境、社会责任的态度变化以及时尚对生态系统的影响。消费者有意识地穿着打扮,在穿新衣的满足感、环境保护和有责任心的社会价值观之间寻找微妙的平衡。来自

图4.7
这件创新服装由椰子纤维制成

巴尼斯纽约精品店（Barneys New York）的朱莉·吉尔哈特（Julie Gilhart）在《未来时尚白皮书》中写道："消费者正在培养一种追求符合道德原则的优质产品的品位，许多人想要为发生在我们周围的全球危机尽绵薄之力，但是对自己能做什么却感到无能为力。将消费者的价值观投入他们购买的产品中，会让他们觉得自己有能力做出贡献。"

可持续性

　　时尚和可持续性看上去是两个相互矛盾的概念，因为时尚不断演进和变化，而可持续性则以保护为核心。世界发展与环境委员会的《布伦特兰报告》把可持续发展定义为"既满足当代人的需要，又不损害后代人满足其需要的能力的发展"。联合国世界首脑会议报告阐明，任何行动计划都必须考虑到社会、经济和环境因素，这些因素共同推动解决方案、人员、过程和环境。

　　时尚是对世界上正在发生的事情的一种非语言反应，它为传达新想法、新概念提供了一种有形的工具。可持续的意识使时尚解决方案得以创新，同时能够保护环境，建立更健康的经济体系，解决社会的不平等问题。重新思考制造流程，产生新的想法，在生产时尚产品时可以遵循道德准则，使用有机的或可再生的资源，提供人道的工作条件，维护环境。设计、生产、销售、购买和丢弃衣服的人都应具备全球环保意识。耐克公司开发的flyknit运动鞋采用3D编织技术制作而成，这是提高可持续性、功能性和收益性的一种非常理想的方式。这种运动鞋在生产时仅需使用两片3D打印材料，而不是其他运动鞋常用的多片缝合或黏合方式，从而减少材料浪费并防止过多的废弃物进入垃圾填埋场。阿迪达斯公司开发的一款低帮鞋的特点是3D打印的鞋底上面有网格。

前瞻者

可持续性

我们所能做的最具可持续性的事情就是停止制造和购买物品，但这是不现实的。可持续的现实是一张相互依存、权衡利弊的大网。例如，不是所有可循环材料都能在指定城市由市政部门回收。结合可持续性的最成功的方法就是确保它与品牌故事相一致。当一家传统手袋公司制作出一个能代代相传且精美耐用的手袋时，可持续性便体现出来。快时尚零售商鼓励消费者参与服装回收项目。每个品牌都必须考量其产品在生命周期结束后应该如何处理。

——萨拉·霍伊特（Sarah Hoit）
Material ConneXion资深材料科学家

生态友好的趋势

从有机食品到纺织品，现代社会已接受了环境安全的产品和商品。关于环境改善的国际化兴趣和渴求已改变了许多行业的生产方法、包装、运输和需求，时尚行业也不例外。纺织品领域有一些新的可持续性创新，重点在于逐渐摆脱以石油为原料的纤维，因为它们在堆入垃圾填埋地之后不能被生物降解。然而，为了辨别一种纺织品是否真的具备可持续性，必须对整个供应链进行仔细检查，而这是一个艰巨的任务。应用DNA科学的新方法正在研究中，最终可能使这一过程更加精确。在时尚行业，商家可以采取有效措施，通过改善运输方式以及改进高能耗、低效率的生产方法来减少对环境的影响。

废弃物的管理

从消费前废弃物到消费后废弃物，再循环的趋势已经在多个行业兴起。再循环是指对使用过的或废弃的材料进行处理，以使其适合重复使用。例如，废纸可以再循环：通过水和化学物质

图4.8
阿迪达斯运动鞋采用3D编织技术，这种生产方式极大地减少了浪费

图4.9
使用可循环材料的新产品不仅可以是"绿色"的，还能留存穿着者的个人记忆

把用过的纸打散，然后切碎、加热、清洗、过滤成可用的纸浆，再把纸浆制成新的再生纸。有些公司专注于再循环的服装或纺织品，有些公司则通过升级再造再循环的服装或纺织品找到细分市场。升级再造是指把老旧物品或废弃物转变为有用的或创意的东西，使其重获新生的过程。升级再造的基本理念是通过改变物品的用途并将其改造成为新的物品来鼓励人们探索自己与衣服的关系以及当他们想要丢弃这些物品时所承担的责任。

人们通过古着商店、车库甩卖、回收公司或eBay转售现有产品的兴趣与日俱增，催生出新的消费者兴趣。一些公司专门向发展中国家出口产品。可持续的过程不仅帮助了应用回收部件的新产品研发，还为个人提供了机会去思考他们在整个产品生命周期中所承担的责任。通过认识到过度消费的危机并努力把由于时尚不断变化而造成的环境损害降到最低，社会正在形成针对可持续性的不同态度。

图4.10
废弃的彩带通过升级再造转变为新的服装

突发事件

尽管预测者能够进行调研和规划，不可预测的事件依然会发生，从而打破趋势的自然演变。战争、地震、火灾或洪水等自然灾害，知名人物的死亡以及经济危机、政治大变动和恐怖主义都是这个世界上令预测者无法预知的不可控因素。这些事件硬生生地改变时尚的运动，有些影响是暂时的，但往往以长期影响居多。例如，在2008年到2010年的经济衰退期间，许多人失去工作，收入锐减。人们的消费习惯发生转变，开始减少购买新产品，转而去二手商店或古着商店购物。人们开始重新评估自己的优先事项、愿望和需求。在叙利亚，自2001年开始的内战造成可怕的人道主义危机，许多人被迫背井离乡，一场全球移民危机接踵而至。

2001年9月11日发生在纽约和华盛顿的恐怖袭击给时尚界带来了重大且深远的破坏。这一事件的影响不仅改变了消费者当时的购物习惯，而且极大地改变了商业行为。消费者控制支出，商业艰难求生，许多公司被迫倒闭。消费者重新评估自己的态度并做出改变。

无论是计划之中还是意料之外，深刻的事件会造成反应，这种反应可以在商业的方方面面感受到。时尚预测者必须对这些不可预见的事件做出反应并确认变化的方向和新的道路。

调研咨询公司

独立的市场咨询公司会开展趋势研究，为预测者或客户提供关于未来的建议和解决方案。公司实施战略性调研来识别新兴的运动，获取用于

趣味性

世界上发生的各种事件令人心情沉重，人们不禁渴望些许轻松时刻，逃避现实，远离日常压力。人们对游戏的兴趣和工作之余休息时间的增加为带有玩乐性质的产品创造了市场需求。

——罗丝安妮·莫里森（Roseanne Morrison）
多尼戈创意服务机构女装和成衣时尚总监

分析的相关数据。咨询师意图解释来自文化、社会、政治、经济和环境的力量如何塑造社会以及这些力量如何影响未来的发展，这些见解是用于识别消费者为什么按照他们的方式行事的出发点。咨询师会提供有见地的建议，这些被认为是顺利做出明智决策所必需的。相关咨询公司包括：

• The Intelligence Group（www.intell-group.com）

• First Insight（www.firstinsight.com）

• Trendalytics（www.trendalytics.com）

• American Economic Association（www.aeaweb.org）

收集和编辑关于文化影响的信息

完成数据收集工作和观察结果记录工作后，预测者开始编辑信息。预测者要寻找线索和模式。通过媒体扫描或将来自多个媒体来源的预示

和信息进行分类，类似的想法就开始重复出现并形成主题。通过识别主题的力量，预测者就能够发现想法或潜在运动的重要性。多个想法可能会连接在一起，创造出一种意义非凡且极其深入的主题。

例如，逃避主义的基本概念可以通过许多较小的想法来表达。当一些小的想法刚被发现时，可能并没有表现出相关性，但是当把它们整合起来时，这些想法会支持一个基本的主题。咨询师也许会发现一些单独的想法，比如：

• 渴望追本溯源

• 重新设定目标，追求更简单的生活

• 想去异国他乡度假，无人打扰

• 整天聚会、饮酒，纵情享乐

• 渴望通过水疗宠爱自己，获得宁静

• 与虚拟现实互动

概括来说，这些单独的想法整合起来表达了一种更重要的逃避主义主题。咨询师的工作是去理解这些单独的想法和重要主题是如何与时尚产生关联的。

为长期预测诠释和分析信息

预测者识别变化的力量和重复的想法，然后开始诠释和分析信息。除了依靠调研咨询师，预测者还必须识别社会前进的方向和速度。预测者使用收集到的信息来构思新想法、先进的策略和未来的行动计划。

创建可能的未来预测场景或结论提供了一个将信息转移到未来的计划。在考虑多种结果时，预测者也许既要探索"最佳情况"场景，也要探索"最差情况"场景，因为不是所有预测都能有

图4.11a - d
预测者寻找单独
的想法与渴求和
更大的运动或主
题之间的相互联
系，例如时尚可
能是一个人逃避
现实、追求娱乐
的一部分，甚至
是一种新的生活
方式

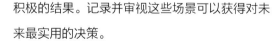

积极的结果。记录并审视这些场景可以获得对未来最实用的决策。

　　预测者必须识别现行的商业行为，制定计划对产品进行重新定位，并开始新产品的创新。预测者研究时尚和消费者文化之间的关系，提供设计和生活方式方面的预测，并为这些新想法可能与日常生活产生联系的方式提供思路。

　　在准备预测报告时，预测者努力传达可能具有普遍吸引力的信息，当然，有些预测更适合于特定的目标市场。他们识别消费者的类型和可能的接受范围，所得结论可以作为预测的依据。

　　在展示预测报告时，预测者会发现某个特定的主题是否对某一市场影响较大而在另一市场则反响平平。预测者可以根据不同的调研目的或特定客户的要求，通过会议、工作室、研讨会、内部通讯或模型来呈现所收集和分析的数据。可视化效果、图片拼贴画和氛围板能帮助客户感知未来主义的和概念化的想法。

总结

预测者使用长期预测来识别未来将会影响社会的文化趋势。他们识别出最有可能需要特定产品和服务的细分人群。预测者监测文化的脉搏，以便在社会多年来的变化中寻找线索，通过瞄准消费者的愿望、态度和需求，了解当前正在发生的事情，并为即将发生的事情做好准备。他们收集、分析信息，并用于规划策略。预测者探索多种场景，并将其用于预测将在未来两年或更长时间内兴起的趋势。

关键词

消费者细分	心理学
人口统计	再循环
地理学研究	可持续发展
氛围板	目标受众
人口	升级再造

相关活动

1. 地理衣橱

挑选一个地理位置，打造一个适合该地区的周末衣橱。收集每件单品的图像，创作一张拼贴画，向其他人展示拼贴画并让他们指出这个衣橱最适合的地理位置。

2. 为一种新趋势识别目标市场

为一种新趋势命名，预测这种趋势的目标市场，列出人口统计、经济、社会和心理学特征，预测这种趋势的速度和范围。

3. 承载回忆的服装

在你的衣橱中找一件承载着重要回忆的衣服，描述与这件衣服有关的情绪和感受，写一个故事来描述这件衣服以及它为何令人难忘。

5

为预测进行的市场调研与
销售调研

目 标

- 理解销售和预测之间的关系
- 考查市场调研和分析
- 探索内部研究的方法
- 讨论互联网在数据收集和共享中的重要性
- 意识到社交媒体和病毒营销的日益突出
- 介绍预测分析的概念和应用

预测者如何收集销售信息并把它作为预测依据？如何把关于最近已经售出的商品或现在正在销售的商品信息用于预测人们渴望的未来趋势？预测者去哪里寻找销售和市场信息？

如今预测者依靠大量的信息成功地预测未来时尚。预测者结合美感和灵感，把握有影响力的重要的全球事件的脉搏，根据可靠、明确的事实来调研和进行预测。他们可以通过各种来源获得信息，比如市场统计资料和销售记录。预测者会利用信息时代的技术进步，收集并诠释销售和营销数据，进行预测。贸易组织、市场调研与数据分析公司以及政府机构会研究和报道与市场和销售相关的信息；独立公司会进行内部研究并监测互联网的全球趋势；产品的数量和形式不断增加，被称为"多渠道零售"，可供消费者使用的配送服务渠道，还有消费者通过社交媒体平台参

图5.1
买手、制造商和设计师会共享信息，从而做出明智的选择

图5.2
零售商收集销售数据，以便了解市场动态

与和购买品牌产品的各种方式，这些大大方便了预测者收集消费者偏好方面的数据。反过来，消费者比以往任何时候都更追求品牌和产品的真实性。理解消费者需求并对其做出有效的预测需要各种各样的资源。

内部研究

数据收集和共享

可用于内部研究的方法有很多。时装零售商和制造商会自己组织内部研究，将其作为一种生活方式。销售报告可以为设计师、买手、企划人员、产品研发人员和批发客户经理抑或销售人员和推销商传达许多信息：消费者偏爱何种颜色、设计、廓形和面料以及何时需要它们。在设计师、制造商、零售管理者和买手之间共享相关产品的数据是一种方法。有些情况下，如自动补货，要求供应商对零售商的销售抱有开放的观点，从而为双方的合作奠定基础，并建立起销售模式，最终引导供应商和零售商为终端消费者成功开发出新产品。然而，使用当前和近期的历史销售数据仅仅是预测中分析消费者偏好的起点，预测者应小心避免提议与当下市面产品重复的风格，因为时装消费者想要看到新奇的款式。不管怎样，成功的风格可能是相似的，但在某些市场上复制这些款式时必须非常谨慎，需要对颜色、廓形、面料或细节稍加改动，形成新的款式；预测者对相关元素进行分析，将分析结果与其他预测结果一并用于创建新的预测。

时装办公室

许多大型零售商设有单独的时装办公室。这个办公室的时装总监通常会做调研，并向买手、

前瞻者

公开透明

为了追求自发性和真实性，消费者正在寻找值得信任且诚实的品牌。他们现在日益期待原材料、生产过程、营销和传播公开透明。

——珍妮娜·米利洛（Jeanine Milillo）
PeclersParis执行总裁

图5.3
古着商店等小型零售商必须依靠观察法和其他费用低廉的预测方法

图5.4
问卷调查可以为预测者提供有价值的数据

企划人员和产品研发人员传播时装趋势信息，他们还会协调信息并在企业内部寻找资源。

销售策略

零售商会收集制造商生产的相关产品的特定信息并追踪产品的销售情况。内部专家团队可以追踪到大量的数据，比如商品是何时售出的，具体销售数量和销售速度如何，哪个号型最畅销，哪些颜色最先售出，有哪些优惠以及何时打折。零售商还会关注积极进取的品牌，并且从竞争对手那里挖掘有利可图的款式和关于未来趋势的想法。在对市场动态有了一定了解之后，零售商和制造商就可以制定销售策略，从而有可能获得成功。这些信息也可以与预测者共享。

观察法

观察法是收集数据的一种方法，需要对多

前瞻者

识别关键单品——季节性趋势

各种各样的预测资源有助于识别对我们的目标消费者来说最重要的本季单品。我们想要了解与每一个交货期相关的关键廓形、面料和颜色。这在很大程度上取决于当季的成功，但是把你的关注点放长远可以确保新颖的产品组合。来自所有部门不间断的销售数据评估确定了总趋势。

——洛蕾塔·卡扎凯蒂丝（Loreta Kazakaitis）
罗斯百货时尚副总监

前瞻者

预测与市场相互影响

来自客户（零售商、制造商、设计师、品牌营销人员等）的预测反馈给予预测者重要的市场数据，这反过来帮助预测者准确地前进。预测者解读数据并使用信息来制定新的行动路线。有时候预测者必须说服客户走出舒适区，以便及时跟上接下来的产品系列或创新。

——杰米·罗斯（Jamie Ross）
多尼戈创意服务机构时尚总监

前瞻者

零售环境

零售环境不断发生变化且在困境中越陷越深，因而WGSN直接与零售商合作。我们努力理解零售业务和消费者的错综复杂的微妙变化，以便为零售商提供零售分析，帮助他们获得成功和利润。我们帮助客户去打磨他们的品牌，使其专注于消费者的生活方式。我们关注电商、减价、补货数据、快时尚报告，并与客户一起制定即时行动计划。

——卡拉·布札西（Carla Buzasi）

WGSN全球首席内容官

前瞻者

预测古着时尚

我主要通过街头风格为我的古着服装和饰品商店预测趋势。我把纽约时装周作为初始平台，但很快我就开始密切关注时尚意见领袖的穿着和用品，当我为商店采购下一个系列时，会以此为灵感。

——亚历山德里娅·奥利韦里（Alexandria Oliveri）

古着店Antoinette店主

测者从中寻找相同点、不同点、重复的行为和变化。观察法是发现时尚模式的费用最低的方法。

个地点的消费者行为进行观察、照相、记录、绘图和报告。这个过程通常是由调研人员、趋势观察员、意见领袖和预测专家组成的团队完成的，团队成员一边观察人们的自然状态，一边努力发现新事物。他们也可以深入某个群体，给参与人员拍照或者从远处进行观察。在观察的同时，预

图5.5
焦点小组座谈是预测者调研消费者态度和趋势的另一种方法

图5.6
模特和意见领袖吉吉·哈迪德（Gigi Hadid）

小型零售商往往只能完全依靠观察法，再结合自己的销售经验以及免费的网络资源，因为他们可能无力承担其他付费订阅的预测服务。

问卷调查

问卷调查可以帮助调研人员理解和识别现有消费者和潜在消费者。调研人员列出一系列问题，企图从消费者那里挖掘到他们想要的信息。消费者可能会被问及他们住在哪里、年龄、性别、信仰和收入范围，这些数据能为调研人员提供有价值的信息，帮助他们识别消费者是谁，并且为新的预测寻找线索。那些关于过去的购买行为、品牌忠诚度和消费习惯的问题能帮助调研人员从历史的视角了解顾客，而判定消费者在未来的购买中可能对什么感兴趣则困难重重。为了预测未来的购买习惯，调研人员可能会关注消费者的期望和生活方式方面的问题。

无论调研人员是通过电话、在线还是在店铺里进行调查，对现有消费者和潜在消费者进行抽样能对调研人员产生指导作用。依据目标细分市场而定的调查方法可能比其他方法更加合适，有时调研人员会给消费者提供奖励来鼓励他们参与其中，从消费者的回答中可以洞察到他们未来可能的购物行为。

焦点小组座谈

焦点小组座谈是指一组有代表性的消费者一起接受询问，通过非正式的谈话或者通过有组织的辩论来收集关于产品、服务、价格或市场策略的观点。研究人员向小组参与者询问关于他们的需求和渴求的问题，以便收集和总结潜在的消费

图5.7
博主琪亚拉·法拉格尼（Chiara Ferragni）（金发沙拉）在照片墙上（Instagram）的每个帖子都有近十万人点赞

者愿望和行为。这些数据有助于预测者理解和预测任何消费者态度的变化。

焦点小组座谈还可以帮助预测者了解时尚之外的特定话题，包括消费者在音乐、娱乐、艺术和运动方面的偏好，这些有关生活方式的问题同样有助于洞悉消费者的未来购买行为。焦点小组座谈提供了一组数据样本，根据这个群体的年龄、收入或习惯，这项调研可能仅仅与一组与其具有相似人口统计特征的消费者有关，也可能与一个范围更大的社群有关。

网络资源

• 《纽约杂志》旗下的《The Cut》（www.nymag.com/thecut/）涵盖与时装、街头风格

和文化相关的资讯，为业内人士提供指南。杂志编辑所报告的主题涉及时装、饰品、美容、家居装饰、名人风格和政治。

• 面向女性的知名网站Refinery29（www.refinery29.com）为时尚而充实的生活方式出谋划策，内容包括有关健康的信息、娱乐新闻，以及时尚与美容的小贴士。

• 在线时事通讯Business of Fashion（BoF，www.businessoffashion.com）等各种时尚商业领域从全球视角提出观点，刻画和分析时尚人物、商业、T台和时尚事业。

病毒营销

病毒营销是指利用现有社交网络向社会传播信息的营销手段。通过鼓励人们传递营销信息，这些信息获得迅速传播的潜力，可以借助互联网视频、互动性网站、社交网站、博客或短信接触到更多的人群。病毒营销的目标是创造成功的信息，使其能够触及具有最高社交网络潜力的消费者。病毒营销依赖于人与人之间极高的传播效率，有时被称为雪球效应。

当病毒营销获得成功时，信息被传播到更大的社会群体，这些群体将扩散营销人员发布的信息。病毒营销人员经常通过链接到其他网站而使信息传递更加容易。病毒营销和传统广告之间的一个显著区别就是，在病毒营销中，消费者参与并促进了这个过程；而广告则采用付费的宣传手段来吸引人们关注产品，例如报纸或杂志广告、电台或电视宣传，或者互联网广告，但是与消费者没有产生互动。

前瞻者

多样化的平台

博客的确很重要，不过许多其他平台也得到了广泛使用。Pinterest、Snapchat和Tumblr方便快捷，不仅可以分享信息，还可以分析图像。YouTube、Facebook和Instagram仍然是分享照片和视频、发送消息和获取最新资讯的平台。越来越多的人愿意采用视频对话方式。

——莉莉·贝雷洛维奇（Lilly Berelovich）
Fashion Snoops的所有者、总裁兼首席创意官

社交媒体网站

Twitter、Facebook和YouTube等社交媒体网站是以互联网为基础的著名平台，它们被用于播报信息、通讯和对话。图像变得越来越重要，Pinterest、Snapchat和Tumblr增加了对图像的关注，而且新的平台正在不断发展。这些网站成为营销工具，被用来传播关于品牌、产品和趋势的病毒式信息。

博客

博客是一种网站的类型，它会定期更新与博客话题相关的文字、图像、视频和与其他网站的链接。这种互动形式使参与者能够交流当前的趋势和事件。博主是指在自己的博客上就某一特定话题发表评论或图像的人，许多时尚博主密切关注时尚行业和个人风格的最新想法。时尚博客可以谈论特定的时尚品类，例如服装或饰品，也可以涉及多个细分市场，例如高级定制、高级成衣或街头时装。来自知名品牌和新兴市场的时尚人

图5.8

Fashionistoprofessor.com博客报道的纽约时装周的街头风格

图5.9
Trendalytics使用社交媒体热点话题和线上调研模式来获取和预测消费者的兴趣

功。名人往往能使一种潮流经久不衰并促进销量，但意见领袖不见得需要出身名门或具有特殊才能。卡戴珊家族并不是凭借演戏、唱歌或者艺术等特殊才能出名的，而是作为社交媒体意见领袖的模范声名大振，他们促进许多趋势并最终带动产品销量。许多社交媒体意见领袖并不像名人那样人尽皆知，但是他们在自己特定的产品种类中被追随者熟知。莉安德拉·梅丁（Leandra Medine）纯粹依靠她的时尚博客Man Repeller获得成功，成为21世纪10年代女装趋势的知名意见领袖。2016年最有影响力的时尚博主之一琪亚拉·法拉格尼（Chiara Ferragni），博客名为金色沙拉，在Instagram的每个帖子都有近十万人点赞。在某些情况下，博主比流行杂志更能吸引消费者参与话题。

士纷纷开通博客，展现产品特色。世界各地与时尚和购物相关的时尚博客现已高达百万计数，时尚博客已经成为利润丰厚的媒体行业，因为在博客上植入广告可以带来收入。时尚博客为把握快速变化的时尚趋势的脉搏提供了一种新的方式，预期会给时尚、广告和媒体行业持续带来重大影响。

时尚博客的类型各有不同，负责撰写和维护的人有些是行业内部人士，有些是时尚观点强烈的外部人士，有些则是希望通过非传统途径进入该行业的有抱负的意见领袖。

意见领袖能够影响许多人去接受一种趋势并购买产品。模特和意见领袖吉吉·哈迪（Gigi Hadid）德与汤米·希尔费格（Tommy Hilfiger）品牌联合设计的服装胶囊系列大获成

图5.10
伦敦分析公司Edited分析时尚产品的需求来协助零售商和生产商的产品预测

博主的影响力

我关注的不仅有名人，还有热情的时尚博主。博主对时尚的影响力不可小觑，因为他们与周围的趋势保持联系并且把握精通科技的一代人的脉搏。对于有志向的普通时尚追随者来说，年轻人的成名梦想不再遥不可及。一个十七岁的年轻人通过推送照片和自己独到的时尚见解而成为时尚达人和模特，从此声名鹊起。

——伊泰·阿拉德（Itay Arad）
Fashion Snoops联合创始人兼CEO

时尚博客正被主流媒体作为有效的媒体报道所接受。博主受邀出席时装秀和独家活动，并且在博客上发表相关评论。甚至连街头时尚和创造趋势或穿着入时的素人也会出现在博客上。

预测者可以通过浏览网站、提出问题以及与时尚爱好者实时对话来参与博客，也可以创建自己的时尚博客，与时尚风格的忠实追随者保持联系。《赫芬顿邮报》（The Huffington Post）主办的网站fashionistoprofessor.com上有马克·希格登（Mark Higden）绘制的时尚街头风格趋势报道，他创作了许多美丽的钢笔、水墨和水彩插画，观点鲜明地描绘了时下的街头时尚。

市场调研公司

许多独立市场调研公司关注时尚和服装行业，开展研究并提供有益于预测者的信息。调研公司分析和预测市场机会，从产品和市场趋势的详细报告到营销策略，他们的目标是解释消费者购买的是什么，以及何地、何时、为什么和如何购买。他们通过审查和追踪网上购物来监测零售。他们会把价格、促销刺激、推销手段和配送方式考虑在内。他们关注消费者个人的购买习惯、人口统计的转变和消费者的购买力。

大多数市场调研公司不仅通过技术扫描程序提供基于消费者购买的数据，还通过定制化的调研为客户提供分析和解决方案。客户需要关于品牌意识和消费者满意度的调研，从而使他们能生产出消费者渴望和购买的产品。市场调研人员关心如何将购买体验转化为交互活动，让消费者沉浸在体验中，因为仅仅依靠提供产品来满足消费者需求已无法激起大多数消费者的兴奋感。大量的调研公司专门从事与时尚有关的调研，相关网站包括：

- www.marketresearch.com
- www.npd.com
- www.neilsen.com
- www.sri.com
- www.just-style.com

数据分析公司

由于在所有的分销渠道中，品牌产品的生产商都需要在节奏日益加快的决策环境中盈利，商家必须迅速做出决策，这些决策涉及数量和各种设计规格、颜色、风格、面料、细节方面的需求。近年来，为了精准地确定和预测消费者需求，商家开始使用一种被称为预测分析的方法，以便在恰当的时间提供恰当的数量和质量的产

数据分析取代了传统的预测方法

通过这个过程，客户对消费者需要什么产品以及他们如何评价产品有了深入的了解。时尚公司广泛调研，捕捉消费者的声音，通过预测分析模型对消费者的反应进行分析、过滤和加权，以便捕获最准确的信息。这些通过前瞻性的平台收集到的数据有助于商家、设计师、企划人员和营销人员对产品和价格结构做出更明智的决策。这个过程取代了调查、焦点小组座谈、市场调研、店内测试和组合分析。许多传统方法非常耗时而且价格不菲。

——乔·卡拉汉（Joe Callahan）

First Insight高级营销总监

图5.11
美国零售联合会的网站使零售商保持消息灵通

数据分析公司已经逐步发展起来，大型零售商等许多时尚企业也正在把这些外部资源与自己的销售分析和预测资源结合起来，从而评估和预测消费者的偏好。在铺天盖地、竞争激烈的零售渠道中，Trendalytics、Edited和 First Insight 等公司按照整体产品类别或风格来收集和汇总定量信息，对当前的促销价格、社交媒体点击率、

品，保证盈利和增长率。市场调研是向后看，是历史，而预测分析是向前看，是未来。预测分析过程是根据各种统计公式和各种联系来预测未来事件，其中既有以消费者的产品选择为参考的以往购物体验方面的数据，也有对未来需求的预测。所用的数据可能来源于人数庞大的消费群体，也可能来源于小得多的目标消费者群体。有些数据分析公司以调查和娱乐的方式来估算和预测消费者需求，也有些公司用社交媒体和零售网站的分析来剖析和预测消费者购买行为。

这一概念的关键是数据分析公司在预测技术中使用的数学公式，公式中包含的变量是消费者行为、细分变量、气候、价格、全球问题和购物模式。

图5.12
国际时装集团的网站提供了最新的时尚方向

前瞻者

要把消费者偏好放在第一位

如今，零售商每天与消费者有数百万个接触点，即使是市场赢家也尚未充分利用手中的消费者数据中蕴含的全部力量。创意趋势预测服务机构会提供关于趋势的宝贵意见，影响各个细分市场的设计师和产品接受度，但其中往往不包括消费者需求的关键部分——社交媒体热点话题。随着时尚博主的人数激增，早期接受型的消费者已经成为潮流的观察者，博主的每个帖子都能对自己的社交追随者产生很大的影响。此外，传统的买手只能借助历史销售数据来规划未来的季度。因此，买手做出投资决策主要是依靠本能直觉，这就使预测消费者明天想要什么的工作变得极其困难。假如消费者没有在趋势接受、潮流时机和市场营销的各个阶段参与讨论的话，品牌就没有达到其目的。

——卡伦·穆恩（Karen Moon）
Trendalytics联合创始人兼首席执行官

前瞻者

为预测未来消费者的需求收集数据

服装行业不断产生各种产品相关信息，销售情况如何，售价多少，哪个号型或颜色销售速度最快，是否曾经打折或补货。这些信息对于帮助零售商或品牌做出未来决策是非常有价值的。

我们收集所有与产品相关的信息——价格、名称、品牌、号型、售卖场合、洗涤方式等，把信息实时上传到我们的数据库，客户可以在数据库里获得数据并进行分析。

那么，举个例子，如果零售商对开发新品打底裤感兴趣，他们可以使用Edited实时看到市场上所有打底裤的数据，并且按价格、销售或任何其他相关条件进行分析。通过数据分析，零售商就能对市场和竞争有全面的了解，能准确地理解他们应该做什么才能为消费者创造出完美的产品。

——茱莉娅·福勒（Julia Fowler）
Edited联合创始人

款式和颜色的数量进行分析，以便对未来的销售做出快速预测。Retail Next等公司则直接在实体店对消费者进行观察。尽管预测消费者需求的新方法越来越普及，但它们只是作为补充手段，并未取代零售商自己的销售模式分析和其他传统的预测方法。实际上，零售商和其他公司使用各种传统的和前沿的技术手段来观察和预测消费者需求。

数据分析公司要分析上百万个SKU（储备单位）并使用复杂的公式来收集和分析消费者对颜色、号型、面料、廓形、时间选择和价格定位的偏好，这是通过把多个SKU按照销售和兴趣的流行程度进行加权来完成的。数据分析公司是对多个零售商的多个SKU进行分析，相较于与只分析自己公司的销售历史以及购买竞争对手的产品，零售商、设计师或生产商可以获得关于消费者偏好的更广阔的视野。仅仅购买竞争对手的产品是不够的，因为一家公司无法得知其竞争对手的销售记录。Retail Next是另一种类型的分析公司，他们分析的是实体店的购买模式。

零售贸易协会、联合会和其他组织

许多零售贸易协会、联合会和其他组织对零售业开展广泛的研究。他们追踪来自百货商店、专卖店、目录公司和网络营销人员的消费者统计信息和销售数据，这些资料可供设计师、制造商、零售商和预测者使用。这些组织提供的资源促进了零售行业的发展。有些组织则专注于国际贸易和零售趋势预测。

随着全球化进程的加快，个人、企业和国家之间的联系日益紧密，这种相互连接包括许多群体和文化，它们影响了时尚产品的设计、制造和销售。世界贸易组织（WTO，www.wto.org）由150多个国家组成，负责处理国家之间的国际或全球贸易规则。WTO的使命是保证国家之间贸易的自由和顺畅。此外，WTO衡量经济发展水平和经济活动，监测产量并评估各国的产值。

对于预测者来说，了解全球市场的需求对于当今的商业成功至关重要。从新兴的经济体到不同的生活标准，预测者要跟随全球趋势，为分析散布在美国边界之外的更大的消费者群体的需求提供框架，因为庞大的消费者群体可以为创造利润奠定基础。预测者必须密切关注复杂的、不断变化的世界市场，不仅要考虑国际政治局势和政府的立场，还要考虑文化、社会和环境的区别。

随着全球市场的不断扩大，新的消费者热切盼望产品能满足自身需求与欲望。

通过时事通讯、出版物、研讨会、网络研讨会和私人会议，零售贸易组织为客户提供指导，为零售挑战提供解决方案。产品的销售数量、售价以及销售速度等相关信息对于预测未来极有价值。美国主要零售贸易组织有两家：

- 美国零售联合会（www.nrf.com）是美国最大的零售组织之一，它的使命是帮助所有细分市场的零售商和保护客户利益。美国零售联合会对世界范围的零售数据进行研究并向其会员提供信息。

- 国际时装集团（www.fgi.org）是时尚行业的专业组织，其成员专注于服装、家居和美容市场。国际时装集团提供了能影响市场时尚方向的深入见解，包括生活方式的转变、当代议题和全球趋势。

政府机构

美国联邦政府的代理机构收集数据并提供统计资料，这些信息对时尚预测很有用，其中包括关于人口、零售销售额、制造业数据和国内外的贸易数据。关键的经济指标由美国商务部（www.commerce.gov）和美国人口普查局（www.census.gov）定期提供。

运用市场和销售调研进行编辑、诠释、分析和预测

无论信息是来自于网络资源、市场调研专家的协助，还是来自于贸易组织或政府组织，在预

测者通过内部研究收集到信息后，接下来的任务就是诠释数据。预测者要识别出与销售和市场趋势相关的模式、预示和新兴的想法。他们会把信息按照重要性进行排序，从重要的到最不重要的顺序进行编辑处理。了解过去和目前的销售情况可以帮助预测者获得未来可能会产生销售的产品线索。

预测者分析和预测市场机会。成功的预测者使用数据和直觉来评估已发生的事情，试图预测消费者接下来的欲望。他们预测这些信息能否通过媒体、风格部落、俱乐部或者口口相传，从一个群体传播到另一个群体。预测者提供一种生活方式或特定趋势如何在社会上传播的场景，他们还通过为客户所做的定制化预测或者适用于各种市场的宽泛预测来提供解决方案。客户使用预测来强化品牌意识，扩大市场机会，制造出顾客需要和有意购买的产品。

总结

通过观察、调研和提出恰当的问题，预测者预测未来时尚的潜在格局。调研人员通过记录消费者特征、购买习惯和销售额来收集数据。贸易协会、市场调研和预测分析公司以及信息采集顾问审查并报告调查结果。预测者可以对消费者进行询问和调查。为了获得与特定业务相关的更具体的信息，调研人员会进行内部研究并关注网络上的时尚博客。市场调研和数据分析公司为特定市场提供定制化的预测。随着可获得的信息越来越多，预测者的挑战往往来自于分析阶段而不是收集阶段。对于他们来说，在收集、诠释并分析销售和市场数据之后，就能进行预测。

关键词

博主	预测分析
博客	问卷调查
数据共享	销售策略
国际时装集团	社交媒体网站
焦点小组座谈	调研
市场调研公司	病毒营销
美国零售联合会	
观察	

相关活动

1. 创建时尚博客

建立一个关于特定时尚品类的博客，比如服装或饰品。坚持一个月每天发表图像、评论或问题。免费的博客平台有许多，例如谷歌的blogspot.com。

2. 在零售店铺采访一名售货员

针对某一特定的时尚话题，对本地零售商店的一名售货员进行采访。提前调研并写下问题。收集关于当下趋势的信息，找到最畅销的单品。根据这些观察和信息预测即将来临的相关趋势。

3. 对预测分析网站进行调研

评估并解释你认为将会对预测时尚相关趋势最有帮助的网站，展示你的调研结果。

第二部分
制定并呈现时尚预测

图 P2a-e "异界太空旅行"
以极限的风格和功能探索遨
游太空的概念
由丽贝卡·马洛（Rebecca
Marlowe）提供

本书的后半部分致力于学习如何制定和呈现时尚预测。第6至9章深入研究了预测的所有要素,包括主题、色彩、纺织品和材料以及款式。每一章都包含调研、编辑、诠释、分析和预测的步骤,并对相应的部分做出预测。在章节的末尾,也就是在完成所有步骤后,预测者就能利用第10章的指导,为最终的预测做好准备。第10章解释了如何将每个元素纳入完整的预测,提供了关于视觉板的制定、脚本编写和呈现汇报的说明。

6

主题

目 标

- 理解主题预测的流程
- 定义什么是主题
- 辨明主题的灵感来源
- 讨论如何为主题构思
- 明晰图像、标题和宣传语是如何在主题中发挥作用的
- 阐明描述性和叙事性故事的区别
- 理解故事和氛围如何支撑主题
- 学习如何进行主题预测

什么是主题？为什么它在预测中起到重要作用？预测者从哪里寻找主题想法与灵感？预测者是如何开发故事与氛围的？

确定一个中心概念作为主题

什么是主题

主题是时尚预测的话题，它具有统一、主导的思想。中心概念决定了预测信息。预测者的工作是识别当今社会的新兴力量，理解是什么推动了文化转变，思考这些变化的相关性并且通过主题来传达未来的可能结果。预测者创造各种不同的主题来捕捉现代文化的脉搏，并且通过阐释创新性概念和解决方案来预测未来，这些概念可以转化为设计与营销理念，为产品与企业服务。

这种由概念衍生出预测的流程可以被描述成从文化到产品的旅程。预测方法的第一步是以一种有远见的状态，对文化上的转变、显著的冲

图6.1
亚历山大·麦
昆（Alexander
McQueen）的
设计作品，其主
题灵感源自东西
方的文化冲突

图6.2
戴维·沃尔夫（David Wolfe）的插画唤起人们对旧日奢
华生活的强烈情感

突和新生概念进行监测，预测者在中间地带猎
奇。主导性且有远见的概念属于宏观趋势，周期
很长，需要花费数年时间进行预测。根据这些概
念，预测者可以建立微观趋势或主题，并对主题
进行开发和命名。讲故事能使主题变得生动鲜
活，图像和文字记述使概念化的想法更容易理
解。图像由照片和视频来呈现，文字记述则是叙
事性或描述性的。

前瞻者

胸怀大局

我着眼全局，预测的是风格而不是主
题；我关心的是消费者心理，而不是时尚的
浪漫曲。我在全局中看到，一季又一季不停
演绎着重复出现的主题。整体来说有五大
趋势：现代、浪漫、种族、军装/工装和经
典。逃避主义、浪漫曲、实用性、历史参考
和创新是需要关注的元素。社会对奢华充满
幻想，拥有共同的情感线索与持续心态：去
往梦中幻境。

——戴维·沃尔夫（David Wolfe）
多尼戈创意服务机构创意总监

第二步发生在距离预测者追踪T台和贸易展
会大约12至18个月之前。在这个分析过程中，
他们的工作是澄清或更正初始信息的方向。预测
者要确定如何使用情报，如何包装细节，如何将
这些情报转化为有用的设计理念。预测者提供适
用的色彩和面料的详细信息，为多元化市场推荐
款式，提供廓形方向。

对概念进行拓展

预测者聚焦于人类行为方式或宏观趋势方面
的变化，包括态度与需求的变化。对即将发生的
事情或者可能出现的转变进行预测是主题发展的
出发点。具有时尚见解与经验的预测者会辨别相

创建主题的过程

WGSN至少提前两年着手于开发我们在网站上发布的预测趋势。我们的全球团队汇聚在伦敦，团队成员一一汇报他们在本地及世界各地搜寻到的新发现和新情报。我们把相似的概念归类，分析内容，开始识别最具相关性的概念或者我们对于宏观趋势的视觉观点。

随着汇报的推进，我们意识到被讨论的微观趋势经常重复出现并且能够被归为一类从而证实更大的宏观趋势；这些大的概念随后发展成为季度的时尚预测。色彩、面辅料也随着趋势一同确定。对于趋势制定者来说，色彩、面辅料的情报务必要提前于款式和廓形，因为用于制造成功产品的原材料需要时间来开发和准备。

——卡拉·布札西（Carla Buzasi）
WGSN全球首席内容官

生活方式

最重大的转变是我们的关注点变了，生活方式成为我们聚焦的领域。让行业承认分析消费者趋势本身的价值是需要时间的。社会和文化转变获得了高度重视。对于创造者和消费者来说，所分析的领域已经变得显而易见且触手可及。我们以前经常从零售业、T台和贸易展会中寻找预测情报，现在我们则进一步追根溯源，寻找那些影响社会与文化转变的事件，着眼于居家、美食、艺术与旅行。

——莉莉·贝雷洛维奇（Lilly Berelovich）
Fashion Snoops的所有者、总裁兼首席创意官

关主题的模式，随着相似理念的重复出现，某个主题得到确认和开发。

一个具有代表性的预测可能会发展出多个主题，可以定义时代精神，应对各种可能发生的情况。设计师、商家和生产商会评估主题概念与特定市场或产品线的相关性。

通过观察生活方式的变化可以发现主题概念。新趋势往往从潮人开始，然后融入主流。一个想法首先为潮人和意见领袖所接受，随着这个想法在整个社会上愈演愈烈，它通常会变成一种时尚。当趋势在两个或两个以上的行业同时出现的时候，这个趋势就有成为主流的潜力。

主题的灵感

对主题产生影响的因素包括当代重大事件、全球经济形势、政治环境、名流影响和现代风格标准。

为了寻找主题概念，预测者要关注新闻界、艺术界甚至整个世界的动态。一般而言，文化事件和生活方式对时尚有巨大影响。

新闻、艺术和政治

有新闻价值的事件、政治局势的变化、建筑创新和知名博物馆策划展出的艺术展对预测者很重要，因为这些事件的发生往往关系到它们如何影响时尚。

• 纽约大都会艺术博物馆收藏有从世界各地淘来的数千件从15世纪至今的服装和饰品，博物馆每年都会组织一场激发创意人士灵感的展览。

• 伦敦的维多利亚与阿尔伯特博物馆拥有最全面的藏品，包括早至17世纪的罕见礼服以及跨越当前世纪的作品。这些收藏可以影响色彩、图案与设计，启发下一季度的主题。

• 了解更多关于其他博物馆和展览的信息，请访问www.fashionandtextilemuseums.com网站。

• 受到中东地区持续不断的战争的启迪，备战款式出现在秀场、艺术家视频和街头。在越南战争期间，年轻人为和平进行抗争，衣服成为替他们发声的行走的公告牌，比如带有反战标语的T恤等。

• 时尚界近来关注的可持续设计实践已受到媒体和电影的影响，比如阿尔·戈尔的《难以忽视的真相》（*An Inconvenient Truth*）探讨尊重环境并承认全球变暖的影响，纪录片《洪水泛滥之前》（*Before the Flood*）也如实反映了气候变化的情况。

• 建筑师圣地亚哥·卡拉特拉瓦（Santiago Calatrava）设计的"天眼"（Oculus）采用翼状结构，弯曲的白色骨架具有白鸽腾飞之势；设计师艾里斯·范·荷本（Iris Van Hepren）创作的阿凡达风格的雕塑作品与她的高定系列有相似的审美；利用3D打印技术已经可以设计类似于建筑风格的饰品。

电影、媒体和电视节目

鉴于电视和电影在社会上持续发挥着重要作

图6.3a-b
Manus × Machina 展览中展出的连衣裙结构与圣地亚哥·卡拉特拉瓦精心设计的"天眼"有异曲同工之妙

用，预测者必须密切关注剧中人穿着的最新款式。

• 莎拉·杰西卡·帕克（Sarah Jessica Parker）在《欲望都市》（Sex and the City）中饰演的角色凯莉·布雷萧（Carrie Bradshaw）备受关注，她为当代女性带来一种新的时尚感觉。从莫罗·伯拉尼克（Manolo Blahnik）名牌鞋到奢华的服装，这个主题迅速渗透到主流，重新定义了女性的态度。

• 电视真人秀能够对社会产生影响，尤其是对能够借助强大媒介打造绝佳气场的年轻人来说更是如此。金·卡戴珊·韦斯特（Kim Kardashian West）和凯莉·詹娜（Kylie Jenner）近来利用自身名气大量捞金，而不少新星也将冉冉升起。

• 电影唤起了时尚界对旧日时光的强烈向往，比如《卡萨布兰卡》（Casablanca）、《乱世佳人》（Gone with the Wind）、《走出非洲》（Out of Africa）、《雌雄大盗》（Bonnie and Clyde）、《了不起的盖茨比》（The Great Gatsby）、《泰坦尼克号》（Titanic）、《国王的演讲》（The King's Speech）、《名模大间谍》（Zoolander）、《甜姐儿》（Funny Face）、《封面女郎》（Cover Girl）和《埃及艳后》（Cleopatra）。

• 受到影视节目的影响，人们对吸血鬼十分着迷，出现了基于永葆青春、不朽和浪漫曲的主题，例如《暮光之城》（Twilight）、《真爱如血》（True Blood）和《吸血鬼日记》（The Vampire Diaries）等。《行尸走肉》（The Walking Dead）和许多在Netflix和YouTube上播出的电影和节目中出现了僵尸和末日启示的主题。

• 诸如《阿凡达》（Avatar）和《爱丽丝梦

图6.4
金·卡戴珊·韦斯特（Kim Kardashian West）凭借在美国电视真人秀《与卡戴珊一家同行》中的演出而成名

游仙境》（Alice in Wonderland）这样的电影启发了幻想和逃避现实的主题；电视剧《西部世界》（Westworld）以一个人造人聚居的未来主题乐园为背景。

举世闻名的时尚男女

社会对名人的持续痴迷迫使预测者密切关注他们不断变化的生活方式和衣橱。

• 杰姬·肯尼迪·奥纳西斯（Jackie Kennedy Onassis）的迪奥套装、紧身连衣裙、无边礼帽、大太阳镜及发型不仅在她那个时代，而且在多年后都激发了时尚灵感。

• 20世纪80年代和90年代，英国戴安娜王妃的风格在许多方面影响了时尚。比如说她的超大裙摆婚礼服、发型和单肩连衣裙是那个

图6.5
亚历山大·麦
昆（Alexander
McQueen）品牌
的设计师莎拉·
伯顿（Sarah
Burton）在2011
年为凯特·米德
尔顿设计的皇家
婚纱礼服举世瞩
目并且很可能影
响到未来的新娘
时装

图6.6
时尚达人坎耶·
维斯特（Kanye
West）穿着一件
夺人眼球的亮粉色
夹克现身菲利林
3.1（3.1 Phillip
Lim）时装秀

时代的标志；前些年，凯特·米德尔顿（Kate
Middleton）的婚礼服启发了蕾丝的浪漫设计，蕾
丝不仅出现在婚纱上，也出现在日常服装上。

- 泰勒·斯威夫特（Taylor Swift）、碧昂
丝·诺尔斯（Beyoncé Knowles）、凯蒂·佩
里（Katy Perry）和Lady Gaga一直被看作潮
流引领者，从夸张的服装到争议性的歌词，这些
女性始终活在聚光灯下。少年明星歌手麦莉·
赛勒斯（Miley Cyrus）在2006年3月电影《汉
娜·蒙塔娜》（Hannah Montana）首播后一
夜成名；在她的独唱生涯中，赛勒斯以其流行
风格和音乐继续影响着青少年和青少年市场；
在巡回演出中，独特的表演和服装使二十多岁
的赛勒斯赢得了媒体关注。嘻哈艺术家如杰斯
（Jay-Z）和坎耶·维斯特（Kanye West）激
发了都市主题和风格的灵感；法雷尔·威廉姆斯
（Pharrell Williams）素以时尚感觉闻名并且与
一些公司合作生产他设计的款式。

如何进行主题预测

第一步：构思想法或概念

　　为主题预测构思概念的第一步是调研。调研
是一个收集信息和图像的探索与研究过程，在此
过程中寻找初见的、新颖的、创新的想法，用科
学性方法和艺术性方法来识别灵感源、趋势和信
号。要记住时尚和趋势是衍变而来的，在预测下
接下来流行什么时，一定要考虑到过去、现在和
未来。

　　科学性方法是指预测者从以下内容中调研和
收集有形数据：

- 过去的趋势信息

- 历史记录
- 新技术
- 现存的物品和材料
- 书籍、杂志和时事
- 来自贸易展会、生产商、零售商和消费者的信息
- 专家和顾问的数据

艺术性方法是指预测者依靠创造力从以下内容中去获取和记录：

- 个人知识
- 记忆
- 观察
- 观点与态度
- 沟通
- 直觉
- 本能

同时使用这两种调研方法进行预测，可以提供能吸引更广泛受众的多样化内容。有些人对事实信息反应灵敏，有些人则易受情感的触发而感

图6.7
观察街头时尚可以引导出一个主题概念

同身受。预测者不仅必须成为趋势科学家，还必须有推动创造性的冲动，倾听自己的声音，启发身边的人采取行动，卓尔不群。着眼于预测数据可能很有效，但预测者需要结合运用各种方法，他们必须有自信为这些数据据理力争。

预测者可能会注意到一些与众不同的事物，一些他们之前可能从未见过或体验过的新事物。这种微妙的差别或新概念可以比作一条单独的线索，追随这条线索并且观察它引向何处可以作为一个新的主题概念的开端。通过观察这条线索与其他线索交织，预测者开始为预测打下基础。主题开发过程的另一个类比是烧水的例子。随着温度的升高，水起初轻微冒泡，然后开始沸腾；构思主题想法也是这样，冒泡阶段就是这个过程的开端，随着时间和热量的递增，水开始迅速沸腾，在主题发展中，预测者寻找初步的想法并且期望它往上冒泡或达到沸点形成概念。

第二步：搜集图像

一张图像或一组图像的拼贴可以用来阐述一个主题。在理念确立后，必须仔细挑选图像以便准确无误地表现主题。剪报、草图、网络图像、广告、T台秀和照片可以让主题具备视觉冲击力。"一张图片胜过千言万语"，图像可以有效

图6.8 a - c
可以收集巴塞尔
艺术展、秀场或
爱马仕零售店室
内设计方面的图
像，用来传达主
题概念

传达主题构思。所有的图像来源必须被记录下来并添加到参考文献中。

可以参照以下内容来收集图像：

- 历史/复古
- 生活方式/文化
- 秀场分析——知名设计师或系列
- 零售行业
- 名人
- 室内设计
- 美容行业
- 贸易展会
- 街头场景
- 旅行
- 艺术与音乐

第三步：编辑、诠释、分析和预测主题

收集完资料后，预测者或者团队便开始编辑资料的进程。编辑是对调研、资料和图像中的模式进行分拣和识别的过程；在编辑时，预测者要检查数据并对图像和信息进行整理、分组或分离，从中识别模式。每一份被收集来的信息或图像都要经过核查，以确保其与主题紧密结合。预测者可以忽略不必要的资料，重点突出看上去最值得注意的事实，可能还需要对挑选出来的资料进行一些补充和编辑，以便达到其与主题的统一与融合。这些资料必须按照价值和重要性进行安排，把主题可能会对社会产生的影响考虑在内。

接下去，预测者诠释和分析主题的组成部分。诠释和分析的过程中需要仔细检查，以便确定原因、关键因素和可能的结果，探究是什么推动了即将来临的趋势，并考虑趋势将以某种面貌

Island Breeze
Presented by: Erica Mahmood

图6.9
时尚预测主题板呈现了主题的灵感来源——图为埃莉卡·马哈茂德（Erica Mahmood）创作的"岛屿微风"主题板

呈现以及其原因。预测者通过主题资讯来解释不同的力量如何影响社会变化，有时能从字里行间体会言外之意或者推断出些许含义。借助对于信息的直觉和果断，在推断主题可能的重要意义时，评估、对比、选择、调查和实验的过程是很有必要的，预测者由此赋予主题意义。

　　下一阶段是预测或提前宣布未来的发展或趋势可能发生的原因。在预测时，预测者要预测可能的结果并解释为什么这些结果可能会出现。预测是一个通过预见消费者的新兴需求和行为来解决问题并规划未来的过程，尽管不见得人人都理解和支持每个概念，预测者依然努力去创作一个能够有广泛接受度和普遍吸引力的主题。提供场景和可视化效果是探索预测过程的一种有意义

的、引人入胜的方式。

　　因为预测是建立在未来可能性的基础上的，所以当受众得到启发，思考预测者推荐的主题并考虑预测的潜在可能性时，预测就成功了。

前瞻者

　　负责内容的预测团队大约花费七周时间致力于对可供客户使用的季节趋势进行细微调整。团队仔细挑选每一个趋势的名称，以保证它令人难忘、朗朗上口，并且契合主题。

——卡拉·布札西（Carla Buzasi）
WGSN全球首席内容官

"It cures her soul like medicine
that no doctor could prescribe."
Island Breeze
Presented by: Erica Mahmood

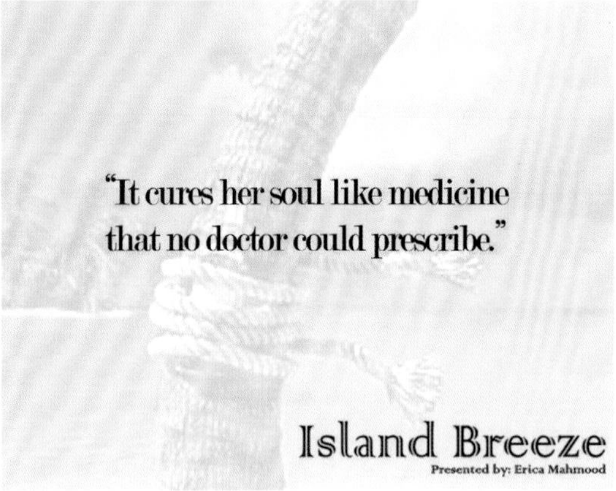

图6.10
标语直指人心，进一步阐明“岛屿微风”的主题

预测者的最后阶段是准备和呈现预测。当预测者准备好演示板和演示脚本时，就可以提交预测了（见第十章）。

第四步：创建标题

当主题概念构思完毕后，标题即呼之欲出。标题必须能够捕捉到主题的灵魂。主题的命名需要简洁但具有描述性的名称。例如，“岛屿微风”是某个预测案例的标题，这份预测的主题是关于逃离忙碌的日常生活外出度假，灵感源自美丽的海洋及其特有的抚慰心灵的力量。精心挑选的标题和图像体现海岛风情，那儿有宁静的白色沙滩、和煦的微风、明澈的水流和大海的珍宝。

第五步：制定标语

随着主题名称的确定，一条标语或短语能够进一步说明概念。大众流行语、歌词或媒体口号都可以使用，例如“岛屿微风”的标语是“它就像医生无法开出的药一样，治愈了她的灵魂。”以下这些也可以作为这份预测的标语：

• 热带天堂……有人说这是一个有着沙滩和温暖海水的完美地方，我说这是一种完美的精神状态。”

• “逃离混凝土丛林，来到白色的沙滩。”

• 或者吉米·巴菲特（Jimmy Buffett）某一首歌曲的歌词。

前瞻者

在当今时代，创意人士、客户和消费者倾向于只抓取少量信息而不是阅读冗长的书面研究，他们对视觉做出反应并渴望感受到活力。

——莉莉·贝雷洛维奇（Lilly Berelovich）

Fashion Snoops的所有者、总裁兼首席创意官

Mood:
Relaxing
Crisp
Rustic
Natural
Airy
Cool
Comforting
Flowing
Island Breeze
Presented by: Erica Mahmood

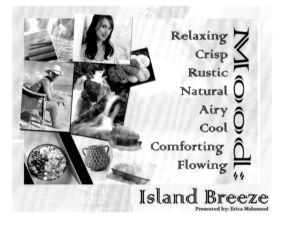

图6.11
氛围板上的词语为预测定下基调，传达舒适放松的感觉

第六步：确定情绪

情绪描绘了主题的基调，它表现的是信息带来的感受与情绪。预测者必须摒弃杂念，专心思考他们想要唤起何种情绪。例如，这个主题是否能激起听众的兴趣、喜悦、宁静、不安、无聊或

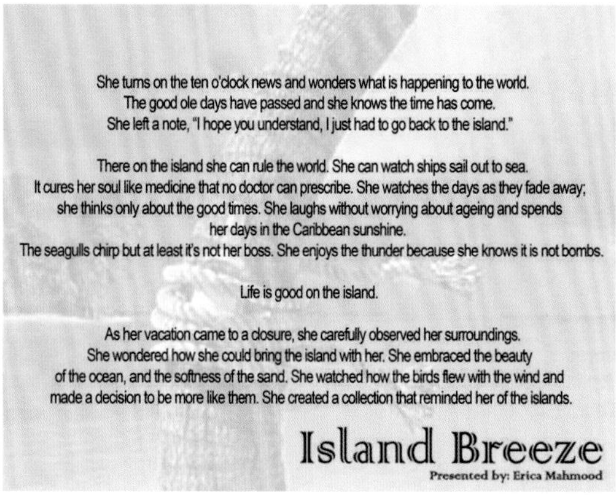

图6.12
预测者用一个虚构的故事来传达"岛屿微风"的主题

怀旧情绪？预测者必须对各种情绪如何影响人们非常敏感，有些情绪图描述是浪漫的、乡村的、未来的、轻快的、感官的或黑暗的感觉。主题的情绪、基调和情感品质一定要与理念和故事相符。

"岛屿微风"的基调与逃避现实主题有关，营造出一种放松与舒适的情绪，这种情绪传达了一种渴望逃离日常压力，去往度假天堂的感觉。

第七步：为主题编写故事

预测的书面文字或发言稿被称为故事。故事是基于为主题挑选的概念、图像或标题发展而成的。这个故事可能会揭示过去和现在与主题想法的关联，并预测未来的可能性。用于编故事的词汇必须精挑细选，让每个词都能表达本意并支持中心思想。列出对主题有引导作用的词汇表是很有帮助的。这个故事可以是叙事性的，也可以是描述性的。

叙事性

叙事性的故事是建立在主题的灵感和艺术影响之上的，可以基于幻想或虚构的主题来进行创作。预测者可以选择写一个叙事性的故事来传达主题信息，有些设计师甚至用虚构的故事来给他们的系列赋予意义和主题，有些设计师素以给每个系列创作精致的幻想故事著称。在调研完毕下一系列的主要构思后，他们为即将来临的季度编写一个故事。在团队的通力合作下，故事情节越来越有表现力，故事被分享给需要这些理念来启发分内工作的团队成员。故事情节继续发展，但仍然遵循所有设计、季度发布会与制作的中心理念。预测者及其团队也会创作故事来表达潜在的意义，解读他们提供的信息。

预测案例"岛屿微风"用一个叙事性的故事讲述了一个女孩逃离现实压力，来到加勒比岛屿度假，她努力寻找出路，希望在离开度假天堂、回归日常生活时仍然能感受到这份宁静。

描述性

描述性的故事是基于与主题相关的非虚构的数据和信息的，可以把关于想法起源的细节、调研、历史信息、文化影响或是市场反应都包括在内。预测可以根据真实情况和事实来解释。在"岛屿微风"主题中，描述性的故事可以是关于世界新闻、就业统计、压力之下的健康事实和某人度假时体验到的益处等。

当加长版的故事被塑造完成时，预测者便需要一个精简的故事版本了。简化后的故事简明扼要地重述主题理念。加长版的叙述或描述在用口述形式呈现，而精简版的故事则用于演示板。在演示过程中，预测者通过讲述加长版故事来详细阐述主题，在视觉演示中出现的则是以文本形式表达的简化后的故事。

总结

时尚预测的主题是把所有事物凝聚在一起的统一概念。预测者可以从日常生活的各种来源寻找主题的灵感和信息。他们以或科学性或艺术性的方法来阐述他们对主题的想法。创作标题，排列图像，编写故事或确定情绪基调都是提炼主题的重要任务。所有的概念、图片或预测的关键词都必须在整个故事中发挥作用并且与主题相一致。

关键词

艺术性方法

描述性的故事

图像

情绪

叙事性的故事

科学性方法

故事

主题

相关活动

1. 按照步骤进行主题预测

第一步：确定一个概念

第二步：收集图像

第三步：编辑、诠释、分析并预测主题

第四步：创作主题的标题

第五步：开发主题的标语

第六步：确定情绪

第七步：编写加长版与精简版的主题故事

2. 调研并将过去的预测与新的主题概念进行对比

从过去的预测中找出三个或三个以上与新的主题概念相关的主题，评论并写下新旧预测概念的异同点。资讯来源包括在线预测服务、图书馆提供的预测服务、文本中发现的推荐网站、互联网搜索、杂志文章和书籍等资源。

3. 创作数码词语拼贴板

写下与主题相关的词语，把这些词语做成拼贴板，将标识主题的词语分为同组。使用词语拼贴板作为标题、标语和故事的灵感来源。

7

色彩

目 标

- 理解色彩预测的流程
- 定义色彩术语
- 回顾色彩理论、色彩心理学和色彩周期
- 学习如何进行色彩预测

为什么一种颜色在这个季节给人耳目一新的感觉，过了几个季度之后却显得陈旧过时了？色彩趋势是从哪里开始的？又是什么使得某种色彩被消费者接受？预测者如何预知未来的流行色？

什么是色彩预测

色彩预测是一个收集、评估、理解和诠释信息，并由此预测在即将来临的季节中消费者喜欢的颜色的过程。预测者做这项工作时，需要进行调研并运用创造力、直觉和经验去感知色彩的变化。鉴于色彩对消费者有极大的影响这一事实，预测者需要理解色彩产生的吸引力；时装业和制造业会在许多不同领域开展色彩预测的工作。

色彩预测者是调研与进行色彩预测的专家，他们大多与预测服务机构、制造商、零售商或纺织品生产商保持联系。纱线生产商、梭织和针织工厂以及印染厂的设计师会负责色彩选择工作。在大一些的服装生产公司中，设计总监及其团队负责色彩方向；在小公司里面，这份职责经常落在设计师头上。大型零售商使用色彩预报来规划和预测买货计划。

有时候这些色彩决策由时尚总监和管理团队来制定，有时候由已知悉公司既定色彩方向的独立买手做出决定。零售商的优势在于其能使用确凿的销售数据来跟踪销售统计。不幸的是，这些

前瞻者

未来购买习惯

　　我们可以获得关于消费者习惯及其购买物的数据，但这些信息是关于过去的，并不能指明未来的方向。假如一位客户卖得很好的向来是明亮的颜色，当我向他展示色彩预测时，就很难引导他接受柔和一些的颜色。零售商往往不情愿尝试新的颜色，直到最后为时已晚，剩下的商品不得不减价出售。在过去几个季节，明亮的颜色主导了门店和销售；在接下来的季节，颜色逐渐变得比较柔软而不那么饱和。我正在鼓励我的客户从极其明亮的色调转为这种新的、格调内敛的色彩故事。

　　——帕特·滕斯凯（Pat Tunsky）
　　多尼戈创意服务机构创意总监

信息可能会误导零售商，因为销售数据仅仅能追踪消费者已经购买的单品和颜色。如果当时有其他的颜色可以选择，其销量会如何，或者未来什么颜色会热卖？统计资料无法预测到这些情况。尽管可以收集到有关消费者的花费习惯方面的数据，但是很少有数据能说明他们对每种产品的特定颜色的喜好。

色彩的演变

　　为了开始理解色彩预测的重要性，预测者必须认识到色彩是从一季到另一季演变而来的。变化时时刻刻都在发生，所以在预测未来需求和消费者欲望时，方向和速度两者的变化都必须考虑在内。

图7.1
正如在化妆品中所见，蓝色的色调变化唤起一种异国情调，而柔和的海绿色让我们想起海洋；灰绿色平复心绪，而水晶蓝则在内心荡起波澜

前瞻者

色彩是如何在一季又一季中演变的？

　　色彩是一种活的语言，它反映了即将出现的情况，无论它说的是未来趋势，还是现在正在发生的事。并且恰如生活通常不会以戏剧化的方式突然向前冲去，色彩也一样。在大多数情况下，我们不会看到色彩在季节之间发生巨大的转变，它是一个渐进的过程，一种缓慢的积累。当然，也会有例外，比如灾难性的事件（如经济危机）戏剧性地影响了色彩和趋势，但一般来说它是随时间推移而逐渐转变的。

　　——劳里·普雷斯曼（Laurie Pressman）
　　潘通色彩研究所副总裁

图7.2a-b
色彩在一季又一季中演变。从翠绿色演变为黄绿色，人们能够看出颜色在明度、深色调、浅色调、阴影和纯度上的变化

调色板与色彩故事

在颜色被用于产品的几年前，色彩专家就开始预测未来的时髦颜色了。色彩预测比消费者可购得特定产品的时段要提前两到三年。这个过程始于预测者（通常在团队中）发展其初始概念和新色板，即一系列颜色。就像艺术家的调色板一样，这组颜色可能包含几种颜色，也可能包括许多颜色。一个色彩故事是在某一季或某一系列里

图7.3
Luzmaria Palacios的热带色彩预测展示了一个充满活力的调色板，其中描述性的颜色名称深化了主题

用于辨别、组织或连接理念与产品的一组颜色。举个例子，一个灵感源于热带的色彩故事可能会包含加勒比蓝、鹦鹉绿、礁湖紫、珊瑚橙、落日橘和椰子乳白等颜色。

在开始创作色彩预测之前，预测者必须理解色彩理论、色彩心理学和色彩周期。

色彩理论

色彩理论研究的是色彩及其在艺术与设计领域的意义。要理解色彩理论，关于色彩和透视的基本科学原理必不可少。色环是艾萨克·牛顿爵士（Sir Isaac Newton）在1706年开发的，它是将光谱中的颜色排列成一个圆形图案，通常用来理解颜色。此外，现代色彩理论专注于人们看见颜色、感受颜色以及与颜色关联的方式。

色轮（也被称作色环）是将颜色按照其色彩关系排列的一种视觉呈现方式。

• 原色是不能再分解的基本颜色，不能通过其他颜色混合而成。

• 间色是由两种原色混合而来的。

• 复色是由原色与间色混合而来的。

• 互补色是色环中位置相对的两种颜色。

• 类似色是色环中位置相邻的颜色。

色彩识别系统使用色相、明度和纯度来进一步描述颜色。色相是指颜色本身；明度是指颜色的亮度或暗度；纯度是指颜色的饱和度或彩度。色相的浅色调、阴影或深色调随着白、黑或灰的增加而改变；浅色调指的是被添加了白的色相，阴影指的是被添加了黑的色相，深色调指的是被添加了灰的色相。

此外，色彩方案是用来创作颜色组合的。一个色彩方案是一组相互关联的颜色。单色配色方案有两种或更多种出自同一色相的颜色；中性配色方案是由白色、黑色、灰色、棕色和奶油色组成的，中性色不显现在色环里；撞色配色方案包括那些相互冲突的颜色。

色彩心理学

色彩心理学关注的是与情绪、情感、感觉、记忆和行为相关的影响。理解色彩心理学需要识别出消费者对颜色的表达、联想和反应。

虽然对色彩的感知因人而异，有些色彩却具有普遍的意义。色彩符号出现在我们的日常生活里并且经常与过去的年代有关。在一些文化里，人们会在特定日子、特殊场合穿着某种颜色的衣物来象征喜庆，甚至表达政治立场。预测者必须认识到每种颜色在不同文化里所具有的不同内涵。为了理解每种单独颜色或颜色组合的象征意义，色彩预测者可能会研究它们的起源并用现代的语境加以解释。

图7.4
基本色环

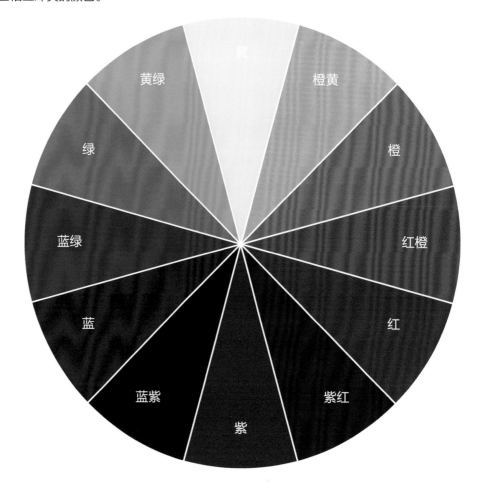

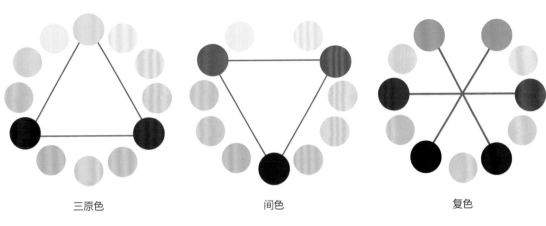

三原色

图7.5
三原色不能通过其他颜色混合而成

间色

图7.6
间色是由两种原色混合而来的

复色

图7.7
复色是通过原色与间色混合而来的

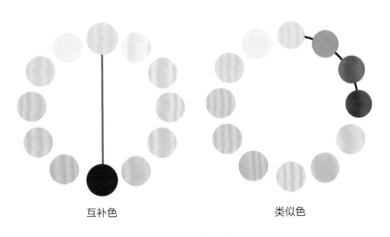

互补色

图7.8
互补色是色环中位置相对的两种颜色

类似色

图7.9
类似色是色环中位置相邻的颜色

在色彩语言中，温度是描述颜色的一种方式（红色、橘色和黄色等暖色可以唤起兴奋或愤怒的情感，而蓝色、绿色或紫色等冷色可以带来宁静和安抚情绪）。

颜色也能引起人体的生理反应。已有研究表明颜色是如何影响社会和消费者的，某些颜色代表的含义如下：

• 红色是一种与活力、火和血液相联系的颜色。这种浓烈的颜色可见度很高，并且能吸引注意力。红色用来象征危险或行动，比如用于停止标志和消防车。红色与爱情有关，正如在情人节看到的心形和长茎玫瑰。在中国，红色意味着繁荣昌盛；在印度，红色是新娘穿着的颜色。混合红色与白色，就能制作出粉色，粉色被视为一种与妇女和女孩相关的女性化颜色。

• 黄色象征着喜悦和快乐。它是阳光和愉悦的颜色。黄色也被视为智慧或者刺激智力活动的颜色，它被用于法律上的便签本。

图7.10a‑b
活力四射的亮粉
色令人兴奋，而
舒缓的浅绿色令
人宽慰

• 桔色是黄色与红色混合而成的，它与红色的活力和黄色的愉悦相关。这种积极的颜色能促进创造力。柑橘橙被认为是一种治愈或健康的颜色；金橙色象征着富裕和奢华。

• 绿色是大自然的颜色，象征着生机和丰饶。环保与可持续的举措被视为"绿色"的，绿色是与平衡和幸福感有关的宁静的颜色。在美国，绿色是货币的颜色；在亚洲，玉是一种被看作有治愈和保护力量的绿色宝石。

• 蓝色是海洋和天空的颜色。蓝色被认为是灵感、忠诚和信仰的颜色。为了表现自己值得信赖十分可靠，商人会穿蓝色西装。蓝色是平静安神的，因为它能减缓新陈代谢，经常被用在卧室里来促进心绪的平和。

• 紫色象征皇室和奢华。紫色是安静的蓝色与活跃的红色混合而成，由此出现了一种能够促进统一、灵感和想象力的颜色。紫色也被看作一种神奇而神秘的颜色。淡紫色或紫丁香色被视为浪漫的颜色，经常象征着初恋。

• 棕色是大地的颜色。棕色促进稳定和秩序，真诚、闲适的人会穿着这种颜色。棕色被认为是一种生态友好的颜色。

• 黑色是力量和邪恶的颜色。在许多文化里，黑色是死亡的颜色，使用这种颜色可以表征神秘和恐惧。在正式或优雅的场合，例如晚礼服宴会时，人们会穿黑色。黑色具有负面的含义，是反派角色穿着的颜色或者作为一种反叛的表现。

• 白色是纯洁和美德的颜色。医生和医疗专业人员穿的白色象征着洁净与安全。在许多国家，女性的结婚礼服是白色的，让人联想到天真和童贞；白光经常被想象为通往天堂的道路；电影里的正面角色穿着白色。在中国，白色是死亡的颜色。

是什么让一个人有了最喜欢的颜色？除了人对色彩的反应外，色彩预测者也对理解人对色彩的偏好感兴趣，即一个人或一个群体偏爱某些颜色超过其他颜色的倾向性。色彩偏好经常源于个人经历、回忆、种族认同或时代精神，年龄、收入和性别也在色彩偏好中发挥作用。蓝色被认为是最受偏爱的颜色。某些颜色组合有其特定的含义，例如红白蓝三种颜色的组合使用对许多人来说象征着美国人的爱国情怀。生活方式的选择或与一个特定风格部落的联系能够影响消费者所购买的颜色。选择哥特式生活方式的人以购买黑色或灰色的单品为主，而强调可持续价值观的人可能会选择更加中性的大地色，甚至天然靛青也作为一种更加可持续的染料和颜色选择而出现在丹宁市场上。定制产品让消费者可以创作出适合自己的色彩偏好的个性化颜色组合。

图7.11
参与"色彩氛围"五公里跑步比赛的人们色彩缤纷，充满欢乐

色彩周期

色彩周期是色彩偏好的转变与色彩的重复。然而，变化才是常态。随着消费者对新奇的渴望，颜色变得流行起来。研究人员发现，色彩周期是从高饱和度（鲜艳）的颜色转向多种颜色，然后是大地色调，紧跟着无彩色（灰色调和黑色），接下来是紫色阶段，最后回归为高饱和度的颜色。色彩接受从暖色转为冷色，会经历与时尚历史相对应的复兴，会受到经济刺激的影响，但是还没有明确的方法来完全理解色彩演变的过程。就像对趋势的接受那样，不同阶段的消费者对颜色的接受度是可以识别的。例如，最先尝试新颜色的很可能是创意人士和潮流引领者，然后是潮流追随者和主流接受者，最后新颜色可能会被保守的消费者慢慢接受。

消费者可能会通过购买一种新颜色的饰品来尝试这种颜色，例如珠宝、手提包或者鞋子。当

图7.12
给衣橱增加新颜色的一种绝妙方法便是增加彩色的鞋子

图7.13
指甲油提供了一种从亮色到中性色再到深色的转换方式，给了人们尝试不同颜色的机会

消费者对新颜色拥有自信后，就会发生更多实质性的购买。在家居装饰中，可以通过增加枕头、地毯或桌面物品给房间增添一抹新颜色。当对这种颜色较有信心时，最终可能会添加更大或更昂贵的物品，比如沙发或艺术品。

某些颜色被视为主要的或基本的颜色，并在一季又一季中保持不变。黑色、海军蓝、卡其和白色都是基本色。流行色是那些运转较快、变化频繁的颜色。随着色彩的演变，流行色通过在明度和纯度上的调整来变化。在几个季节后，一种流行色可能会从调色板里完全消失并被新的流行色取代。在20世纪80年代，随着经济的增长，颜色也变得更加鲜亮。丰富的宝石色调、明亮大胆的色相和生动的颜色组合主导了那个炫耀式消费的时代。直到20世纪90年代，低迷的经济导

致了极简主义的风潮，服装的色调以黑色和灰色为主。20世纪90年代"宅家"或在家中花费更多高质量时间的概念将之前十年的色调转向为温和的、舒适的色彩，比如柔和的中性色、微妙的桃红色和轻柔的绿色。

上一章讲述了主题、故事和情绪的开发，接下来就要发展色彩预测了。随着主题的开发，色彩预测将会有助于捕捉概念的本质。

如何进行色彩预测

第一步：确定色彩理念

进行色彩预测的第一步是调研——同时使用科学性方法和艺术性方法。要记住色彩是演变而来的，预测者必须回首过去、理解当下然后预测未来。

色彩预测者通过参观季节性贸易展会、国际

面料博览会以及地区纺织业活动来寻找线索。在巴黎每年举办两次的第一视觉面料展（Première Vision）被认为是最重要的展览会。专家小组至少提前一年去准备展会色彩和纺织品的预测。挑选出的颜色被排列在色卡上并提供给纺织品生产商，包括纤维制造商、机织物生产商、针织品生产商以及印花面料生产商，由此使得生产商的系列能够与之协调，从而在展会上呈现统一的主题和色彩。在展会上，主题、情绪、故事、色彩和面料都被用于展示，创作和呈现这场展示是为了激发灵感。趋势板是为展会制作的，来帮助传达不断演进的趋势信息。前来参加第一视觉展的有制造商、设计师、零售商、时尚潮人和预测者。在他们流连巴黎期间，大多数的与会者也去探寻这座城市的精品店，寻找新奇的理念与产品，同时观察街头来捕捉新的灵感。由于如此多时尚与设计行业的从业者在同一地点同一时间观察到许多相同事物，类似的信息就会被吸收进即将到来的时尚中。

我们可以获得相关数据，它们记录了在色彩服务机构和工厂里采样量最多或需求量最大的颜色。在零售业，过去季节中某些颜色的表现优于其他颜色，这种信息必须被考虑在内。为了得到关于色彩方向的洞察力，媒体、T台和街头都被纳入观察范围；监测政治、经济和生活方式的趋势也必不可少；线上资源和设计类的博客提供了色彩灵感和理念。预测者整合所得信息，在此基础上开始构建预测，这些预测通常是针对特定需求的。

两大提供色彩参考的公司是美国色彩协会（CAUS，Color Association of the United States，www.colorassociation.com）和自

前瞻者

为特定市场开发调色板

对于汤米·希尔费格（Tommy Hilfiger）男童系列，我们从多种来源寻找色彩方向并选择最适合我们设计需求的方向。我们从汤米·希尔费格设计部的公司办公室收到一个调色板，它被用于汤米的所有部门。一般来说，从男装和女装拿来的颜色不会在童装里奏效，这些色板对于童装市场来说可能过于成熟。不管色彩预测如何，我们评估色板、检查色相并进行调整，以适应男童和女童市场。如果来源的方向表明深紫红色是最重要的颜色，我们可能不得不调整色相并对它进行定制，使其适合我们的产品。

——梅辛纳·达库尼亚（Mersina Dacunha）
汤米·希尔费格全球品牌童装销售与设计副总裁

1915年建立的潘通色卡有限公司。CAUS一直致力于研究、预测和记录色彩。近年来，CAUS就其产品和品牌的颜色选择咨询行业专家。

潘通色卡有限公司（www.pantone.com）作为一家领先的色彩权威而驰名世界，这归功于他们用于精准选择和表达颜色的技术。潘通已开发了一套适用于整个时尚业的标准颜色编码系统，以确保正确的颜色识别和匹配。这套系统也用于保证平面设计、印刷和室内设计的颜色精准性。

第二步：制定色彩故事

在调研完成后，下一步就是要制定色彩故事。色彩故事中的颜色可以从许多渠道中收集。涂料、纱线、面料小样、杂志剪贴画、大自然中的物件和包装物的颜色都可以成为有价值的来源。色彩专家经常会设立一个颜色库，用单独的素材屉盛装类似的色相。互联网也提供此项服务，它们提供一套系统，用来选择、创造和保存个人开发的色彩故事。一些在线时尚预测服务在他们的网站内就设有色彩开发区域，用户可以在这里创建色彩故事。

制定色彩故事的过程开始于选择颜色来表现主题想要传达的信息。一个典型的色彩故事包含五到八种主导颜色。故事中也可能包括强调色或边缘色来强化色彩故事。色彩故事可以只使用

图7.14
汤米·希尔费格（Tommy Hilfiger）男童系列所选择的颜色契合品牌倡导的生活方式

暖色来创建，如红色、黄色和橙色，或只使用冷色，如蓝色、紫色、绿色，也有基于米色和褐色的中性故事。一些色彩故事包括多种色相，而另一些则侧重于特定色相的变化。

第三步：编辑、诠释、分析和预测色彩故事

预测者把颜色分组并分离，开始识别设计模式。预测者必须思考、推理并做出关于每种特定颜色和颜色之间相互关系的决定。面积偏大的色块可能被放进来用于说明故事中主导的颜色或者更加重要的颜色，面积偏小的色块则可能代表点缀色。为了充分表达主题概念，需要对颜色进行进一步的检查和整合，以便阐述色彩整体的意义。完成颜色选择的编辑或修正是为了确保能制定出一个精致的色彩故事。增加额外的颜色、改变颜色的位置或简单地调整颜色小样的大小都能够改进整个故事。

色彩故事的情绪必须支持整体预测的主题。观察一组颜色，看看它们是否能唤起不同的感受？是否具有活力或营造出一种特定的情绪？色彩是否呈现出凝重而昏暗，明亮而轻盈，和谐而舒缓，冲突而不安？这些是预测者在确认色彩故事的情绪时会反问自己的问题类型。不同的消费者是否会以同样的方式来看待色彩情绪？例如，一个被看作是色彩拥趸（倾向于海军蓝、卡其和黑色）的传统消费者可能会对冲突的鲜艳颜色感到不舒服，而一个习惯于图案混搭、失谐风格和时下潮流（倾向于霓虹色与暗色搭配，或者复古与新风格混搭）的时尚达人可能会感觉到自信十足。

早期收集来的调研与数据仍需不断斟酌，色彩预测的下一步就是诠释和分析原因、关键因

素或调研与阐述的可能结果。最后，对可能结果的预测确定下来，推荐成为色彩故事，期待未来演进。

预测者根据他们想要实现的点或者特定客户的要求来选择颜色。目标市场和价格区间在选择中发挥重要作用。当预测者为昂贵的设计师系列做规划时，就会选择最新的颜色和前瞻性的颜色组合；对于主流的零售商，预测者可能会选择相对安全的并且更为广泛接受的颜色。

在开发预测时，预测者必须在过程的每个阶段都进行自我审视，"这个选择是否支持和强化了主题？"如果答案为肯定的话，那么预测者就可以进一步发展了；如果答案为否定的话，就必须通过做额外的调研抑或重新制定色彩故事来做出修正。

第四步：指定颜色名称

在选定色彩故事后，预测者会为每种颜色指定一个名称。预测的主题和氛围要铭记在心，选定的颜色的名称必须能契合故事中的每一种颜色。色彩语言，包括颜色名称，与色彩感知有关，因此是相当个人化的。作为色彩预测者，选择具有普遍吸引力然而又有新鲜感的名称是一个挑战。比如说，如果开发了旅行的主题，颜色名称就应该使人想起某次远足或异域旅行；对于米色和棕色调，预测者可能会选择类似于沙漠的名称；在宁静的温泉主题中，灰绿色可能被称为绿茶色或桉树色；在名为"糖果乐园"的主题中，亮粉色可能被称为泡泡糖粉，深棕色会被称为巧克力色。色彩预测者必须始终支持主题、氛围和故事。源于花朵、食物、矿物、金属、宝石、地

图7.15
在预测的色彩部分中，附加的图像能支持主题的精神。埃莉卡·马哈茂德（Erica Mahmood）在她为"岛屿微风"创建的色彩板里挑选了大自然的照片来进一步说明色彩故事。她为预测里的每种颜色都提供了生动的颜色描述

名或产品的颜色名称可以被用来创建色彩关系。要注意，一些颜色在不同人的眼里具有不同的含义，一种被称为玫瑰色的颜色对一个人来说可能意味着明亮的红色，但对另一个人来说可能意味着灰粉色。颜色名称成为一种营销工具，可以表现颜色的感觉，或者去复兴一种过时的颜色。

除了颜色名称外，颜色编号系统也用于色彩预测。预测者经常为选定的颜色指定潘通色号。通过使用标准的系统来识别颜色，预测者就可以保证所选颜色的精确色度得以呈现。

第五步：编写色彩故事的细节

色彩故事的精髓在于描述颜色的细节。值得推荐的做法是汇编一组能清晰表达色彩故事的词汇表。写下整个色彩故事的概述，用于总结色彩理念、调色板的演进、对色彩转变的预测和颜色选择的细节。此外，需要把每种单独的颜色标记出来并解释出它与预测的相关性。

在预测案例"岛屿微风"中，地方景致激发了色彩表达的灵感，如大自然、大海、落日和沙滩。色彩被描述为生动的、漂白的与美丽的。借助"无忧无虑"和"轻松愉快"等的描述，就能把情感的影响或情绪建立起来。

总结

色彩预测者收集、评估、诠释和分析色彩数据，为即将来临的季度规划色彩故事。色彩专家必须理解色彩理论、色彩心理学和色彩周期，为预测创作出能够表达主题和氛围的调色板。在开展色彩预测时，预测者通过一套编码系统、指定的名称和支持相应主题的详细描述来确认颜色。

关键词

色彩学
类似色
色彩周期
色彩预测者
色彩预测
调色板
色彩偏好
配色方案
色彩故事
色彩理论
色环
互补色
冷色
撞色配色方案
高饱和度
色相
纯度
单色配色方案
中性色配色方案
原色
间色
阴影
主要产品
温度
复色
浅色调
深色调
明度
暖色

相关活动

1. 按照步骤进行色彩预测

第一步：确定色彩理念。

第二步：制定色彩故事。

第三步：编辑、诠释、分析和预测色彩故事。

第四步：指定颜色名称。

第五步：编写色彩故事的细节。

2. 颜色识别

在指定颜色名称之后，建议与他人一起测试这些名称。把所有的颜色放在一个智能板上并把名称与之分开来，请其他人来匹配名称与颜色。通过秀场、时尚博主和预测服务机构与网站等网络资源来确认你的选择。

3. 调研色彩的演化

从当季的服装市场挑选一种流行色并将它与潘通色卡匹配。追踪过去三个季节中被挑选出来的颜色的演变并把它们与潘通色卡匹配。写下颜色演变的描述，包括在色相、纯度、饱和度、浅色调、深色调和阴影方面的变化。

4. 通过色彩来识别微观趋势

创作一个由色卡或色彩图像做成的调色板，以此代表以微观趋势为灵感来源的情绪，向他人展示这个调色板并请他们识别其情绪。

8

纺织品、装饰物、
辅料和材料

目 标

- 理解纺织品和材料预测的流程
- 定义纺织品、装饰物、辅料和材料
- 回顾纺织品生产的各阶段
- 定义纺织品术语
- 探索纺织品和材料的进步
- 识别纺织品和材料预测的来源
- 学习如何进行纺织品和材料预测

是什么使得一种纺织品、装饰物、辅料或材料成为当季的最佳选择？预测者如何预知消费者在本季会倾心于由闪亮而光滑的纺织品制成的时尚单品，而下一季则喜欢哑光且有纹理的？为什么在某一季金色拉链等辅料会成为主导的装饰性元素，而明年则会流行彩色流苏的装饰？预测者如何预知什么材料将会在室内装饰或电子产品中接受度最高？为什么光亮抛光的不锈钢会成为消费者心仪的产品？为什么古朴的花岗岩在某一时期最受欢迎？

什么是纺织品、装饰物、辅料和材料预测

对纺织品、装饰物、辅料和材料的预测是一个为了能够预测在即将来临的季节中将会流行的纺织品、材料、装饰物和辅料而收集、编辑、诠释和分析信息的过程。正如主题和色彩预测那样，预测者要开展调研并运用创造力、直觉和经验去感知织物的手感的变化。纺织品的手感或新材料的魅力对消费者有很大的影响，对新兴织物

的预测有助于时尚业和制造业的许多不同领域创造出能吸引消费者触觉的产品。

　　预测者随时可以获得多种可供挑选的纺织品、装饰物、辅料和材料。考虑到一份预测的主题同时应用于许多行业，预测者可能会选择那些既能激发灵感又具有实用功能的性能良好的物品。大多数时装是由纺织品、装饰物和辅料制成的，然而新型纺织品的灵感可能来源于另类的材料，如玻璃、陶瓷或金属。有时候，时尚的方向是由颜色或廓形来推动的，但有时候手感或审美会成为推动力量，此时一个极具说服力的纺织品故事便应运而生。一般而言，在时尚预测中，挑选出来的纺织品、装饰、材料和辅料是用于创作预测的第三部分。

图8.1
蕾丝、绸缎、亮片和流苏等材料适用于奢华系列

术语

　　纺织品是一种通过机织、针织或采用其他构成方法组合而成的柔软的面料，通常由多层结构组成。纺织品由天然或人造的薄膜、纤维或纱线制成，用于制作服装、家纺、地毯和工业产品。

　　装饰物的作用是美化产品，蕾丝、缎带或珠子都是修饰物品的装饰物；辅料是给产品增加性能提高品质的功能性物件，例如拉链、松紧带、魔术贴或绳子。有时候点睛的装饰物或时尚的辅料发挥着实用功能而不仅仅是为了美化外观；独特的纽扣、彩色的四合扣或装饰腰带都是装饰物与辅料发挥多重作用的实例。

　　材料是用于制作一件物品或事物的物质。比如说，混凝土是用于建筑构造的材料，而树枝是用于制造鸟巢的材料。材料可以是人造的构件，也可以是自然界中找到的物品。在过去，某些材料通常不能用于制作服装，但是随着创新技术的出现和消费者对高科技可穿戴设备需求的增加，这种界限已变得模糊。材料是建筑物、室内装饰、配饰或化妆品的基本构成要素。材料可以成为开发纺织品新外观的灵感来源；例如，蓝色玻璃折射出的细碎光芒在服装中可以演绎成为点缀其上的形状不规则的珠子，令衣服熠熠生辉。

　　虽然纺织品的趋势在变化和演进，但纺织品的本质没有变。为了理解如何预测即将来临的纺织品和材料趋势，人们必须了解纺织品的基础知识，因为服装主要是由纺织品制成的。一旦理解了这些信息并运用自如，人们就能像设计师、制造商、零售商或预测者一样做出明智的决定。

图8.2
在秀场上，夸张的层叠结构、精美的图案和手工制作的细节烘托出怀旧氛围

纺织品生产的五个阶段

纺织品生产可以分解为五个研究领域：

1. 纤维
2. 纱线
3. 织物组织结构
4. 颜色、图案和装饰
5. 后整理

第一阶段：纤维

纤维是一种毛发状物质，是大多数纱线和织物的基本构成要素。纤维主要分为两大类：天然纤维（从自然界获得）和人造纤维（从化学实验室获得）。短的纤维被称为短纤维，而长的纤维被称为长丝。纤维可以看作织物的原料，就像面粉是面包的原料一样。

天然纤维

天然纤维是从植物（纤维素）或动物（蛋白质）中获取而来的。四大主要天然纤维是棉、亚麻、羊毛和蚕丝。

棉是最广泛使用的天然纤维，是从棉花植株中获取的，它从棉籽长成棉铃，然后收获并清洁。棉纤维的长度较短，属于短纤维。棉是一种理想的纤维，因为它吸湿快干，使得棉布的打理相对容易；棉布的手感柔软，用途广泛。当时装趋势为崇尚自然时，棉可以说是炙手可热。

亚麻是从亚麻植物的茎中获取的。这种纤维比棉纤维更长更结实。亚麻有两个显著的特点：纱结（纱线的粗细不匀造成了织物的不平整）和易起皱。亚麻纤维被用于制造亚麻织物，亚麻被认为是一种奢侈的面料，它具有吸湿快干的特性，使其成为温暖气候中的绝佳织物。

羊毛是一种取自动物（通常指绵羊）毛发的蛋白质纤维。先由剪毛工从羊身上剪下羊毛，然后对羊毛分级（分类）并根据纤维长度排序。羊毛以其优良的保暖性、防潮性和良好的弹性著称，同时也以其刺痒感、缩水性和易受蛀虫侵害等负面特质而闻名。羊毛产品推荐干洗。其他特别的蛋白质纤维包括羊驼毛、骆驼毛、开司米、美洲驼毛、安哥拉山羊毛和骆马绒。

蚕丝是一种蛋白质纤维，是在蚕结茧时产生的。从蚕茧中分离出来的纤维被梳理成长丝，由长丝纤维制成的丝绸因其完美的悬垂性、光滑的手感和富有光泽的外观而成为一种奢华的面料，真丝雪纺和绸缎就是由长丝纤维制成的面料。由于长丝断裂或者蚕蛾成熟破茧而出，破坏了长而连续的丝束时，就产生了用于制作落绵、柞蚕丝和双宫绸的蚕丝短纤维。丝绸成本极高，很容易被化学品损坏，需要精心护理或干洗。

人造纤维

人造纤维指的是利用科学技术制成而不是大自然创造的纤维。人造纤维主要分为三大类：人造纤维素纤维、合成纤维和无机纤维。这些纤维是为了满足特定市场需求而被创造出来，或者能够在不耗尽自然资源的情况下模仿天然纤维的优点。人造纤维和天然纤维混纺能够获得两类纤维的优点。人造纤维的缺点包括吸湿性差、静电附着和易起球。

聚合物是化学物质和分子化合物，大多数人造纤维是通过喷丝头挤压出聚合物制造出来的。喷丝头类似于莲蓬头，液态聚合物通过喷丝头压出的目的是制造长丝纤维。为了使人造纤维带有颜色，需在聚合物的液态阶段加入颜料。长丝可以通过多种纺丝方法硬化：熔融法、干法、湿法或溶剂法。这些纤维可以被设计成不同的形状和大小，使它们得到预期的外观和性能。纤维也可以被切断和做出纹理来增强表面效果。

常见的人造纤维包括以下几种：

• 涤纶是使用最广泛的人造纤维，具有许多优异的特性。它价格亲民、易于打理并且可以改变性能来满足消费者需求。

• 尼龙是最早的人造纤维，于1939年在美国制造出来。尼龙因其重量而结实，具有良好的耐磨性和弹性。

• 腈纶纤维经常作为羊毛的替代品，它比羊毛便宜而且更易打理。腈纶具有柔软和厚重的手感。腈纶的缺点是它会因摩擦而起球。

• 氨纶以其与橡胶的弹性类似的特质而闻名。它在泳衣和内衣中得到广泛使用。氨纶可以和其他纤维混合来创造舒适的弹力织物，而且它经常被加入丹宁布中来制作紧身牛仔裤。

• 粘胶是一种人造纤维素纤维，它是把木浆经过化学处理溶解在溶剂里，然后由喷丝头挤出或压出而形成的长丝。粘胶具有许多和棉纤维一样的特性，它穿着舒适并易于染色，但是容易起皱而且拉伸易变形。

• 醋酸纤维和粘胶一样，也是一种人造纤维素纤维。醋酸纤维有光泽、平滑且轻薄，然而它会缩水、弹性差并且色牢度低（不能保持颜色）。

• 玻璃通常被称为玻璃纤维，是由非常细的玻璃长丝织成的（www.corning.com）。玻璃纤维强度极佳，不能燃烧，不受日晒影响，因此它是窗帘的不二之选。玻璃不仅能制成纤维，它还可以被塑造或铸成不同形状，用于各种物品或可穿戴的新奇产品。

第二阶段：纱线

纱线是通过纺丝和加捻而制造出的长而连续的细丝。根据所用纤维的种类和长度，可以制造出不同品种的纱线。有些纱线在纺纱时加了强捻，可以创造出平滑如丝的纱线；而有些纱线则纺得较松或卷曲在一起，可以创造出有质感的或蓬松的纱线。纱线的加捻方向也可以给最终的产品增加多样性。纱线可以和多种短纤维混合在一起而创造出花式纱。

置，设备上装有垂直纱线（经纱）和水平纱线（纬纱）。机织物有一些标志性特征：斜向有弹力，边缘有毛边，而且可以看到纱线呈90°互相穿插。

　　基础组织包括平纹、斜纹和缎纹。平纹组织是最简单的形式，适用于许多风格的织物，无论是纯色织物还是印花织物；斜纹组织在织物表面显现出一条明确的对角线；缎纹组织是在任意方向允许纱线浮于四根或更多纱线而形成的，这种组织赋予织物光泽感。

　　花式组织是把小的几何设计织进纺织品的方式，如小提花组织；大提花组织和挂毯通过使用浮纱来创作精细的图案或设计，图案极为精美。

　　针织物是通过钩针将纱线互相勾连在一起而成的织物。针织物主要分为两类：纬编织物和经编织物。纬编织物可以用手工或机器来完成，纱线互相套结形成织物；有两种主要针法，下针法和反针法。经编织物比较少见，并且只能由机器来完成。经编织物的线圈沿着针织物的经向出现。经编针织物包括特里科（Tricot）和雷切尔（Rachel）两种，许多蕾丝属于雷切尔织物。

　　通过使用不同克重或质感的纱线以及针法的组合，可以创造出各种各样的针织物。由于其

图8.3
切尔茜·鲁索（Chelsea Rousso）通过融化并烤弯玻璃以适应模特体型的可穿戴玻璃单品

第三阶段：织物组织结构

　　织物组织结构是通过把纱线和纤维排列组合为布局紧密的结构，从而形成纺织品的方法。织物的不同特性，如悬垂性、稳定性和密度等，取决于织物的组织结构，使得某些织物更适合于特定的款式。织物组织结构被归类为机织、针织、非织造和其他织物构造方法。

织物组织结构的分类

　　机织物是应用最广泛的织物，它是将纱线相互垂直交织而成。纱线通常放在织布机上，这是一种用于织布的手工操控或动力驱动的装

图8.4
Fashion Snoops
呈现的预测中含有金属丝提花织物

环圈结构，针织品很舒适，有弹性，穿在身上比较合体。针织物的褶皱恢复性也比机织物更好。针织物的问题是它们往往会变形、缩水、钩破或走样。

其他制备方法：非织造面料是纤维通过黏接、缠结、毡化、成膜的方式，以有组织或随机的形式融合而成的，例如层压乙烯基、簇绒织物、钩针织物或编织织物，绗缝也属于非织造类型。

第四阶段：颜色、图案和装饰

颜色和图案是纺织品营销中的重要元素。消费者首先被颜色和图案吸引，而这些也经常是

产品被卖出去的原因。在纺织产品开发过程中的任一阶段，可以在纤维、纱线、面料或成衣上应用、保留或者去除颜色。染色和印花是最常用的加工方式。一般来说，一种面料有多种颜色或配色可供选择，印花的纹样或图案通常也会提供多种配色方案。

染色或漂白

通过染色来添加颜色或者通过漂白来去除颜色可以获得纯色。某些纤维比其他纤维更容易附着染料，可以创造出更丰富的颜色和色调。在染色过程中，通常将水、纤维、纺织材料、染料和化学物质在接近沸点的温度下混合在一起，来实现理想的颜色。在颜色染成后，必须用洗涤剂清洁纺织品，彻底去除所有有害残留物。这个过程需要大量的水和用于给水加热的燃料，因此导致了有害废水的产生。这些对环境造成了相当大的影响。纺织过程中的一个挑战是如何使染色过程更加可持续。相关研究正在进行中，试图找到节约用水、降低能源消耗的方法，并找到管理废弃物的解决办法。例如，目前涤棉混纺面料的染色过程分为两步。首先使用特殊配方的染料将涤纶纤维染色，然后再将棉纤维染色。每个染色周期都需要把水加热到一个精确的温度。研究目标是重新设计染料，使之能同时作用于两种纤维，从而把两个过程整合在一起。升级这一进程的其他新发展正变得越来越容易获取和使用。

印花过程

图案可以在印花过程中添加到织物上。印花是一种在织物表面应用颜色和纹样的方法。印

图8.5
在Fashion Snoops呈现的预测中，网眼布和针织物创造出立体感和肌理感

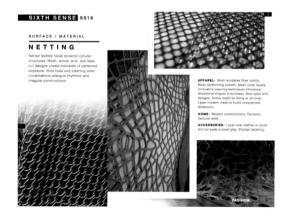

图8.6
米罗里奥纺织品公司（Miroglio Textiles）使用的喷墨印花技术可以实现电脑生成的复杂图案和纹样

花的颜色从单色（一种颜色）到多色（许多种颜色）都可以。在实现一个设计或纹样时，直接印花是在织物表面印上颜料的最普遍的技术。拔染印花是通过除去织物表面的颜料从而去除颜色的过程，通常用在漂白过程中。防染印花是阻止染料或颜料渗透到织物上的另一种方法，例如扎染和蜡染。数码印花已成为最快的创新来源，可以创造出电脑设计作品的复杂纹样。数码印花可以开发和印染恰好够用于制作一个样品的面料，设计师可以在一件实际的衣服上将印花设计视觉化而不用承担巨大的开销。早期的印花方法需要在印刷之前将花版刻出来，这需要付出高昂的代价。印花技术的创新不仅节约了时间和金钱，也为纺织业提供了更大的定制空间。

纱线染色

将染过颜色的纱线织在一起就形成了色织图案，比如格子或条纹。通过变换配色方案或布局，就能实现各种各样的色织图案。

其他创作图案的方法

其他面料设计的方法：

• 植绒是一种印花技术，它使用一种黏合剂来创作纹样，然后把短纤维黏附上去，形成一种天鹅绒般的表面。

• 烂花是使用化学物质来破坏纤维，从而形成一种半透明的设计的过程。

第五阶段：后整理

在面料用于制作成衣或产品之前，先要进行后整理。后整理是指为了改变面料的固有性能而进行的任何化学加工或机械加工。和染色一样，在纺织品加工过程中也可以随时添加整理剂。

图8.7
用不同的后整理技术去除颜色并磨损面料，使丹宁布产生一种破旧的效果

整理过程主要分为三类。

预整理

对面料进行预整理是为了便于进一步加工。举例来说，丝光处理可以增加强度，染色之前进行漂白可以增加光亮度，脱胶或精炼可以去除不必要的颗粒或杂质，消光处理可以去除过度的光泽感。大多数的预整理不会被消费者看到。

功能性整理

功能性整理可以改善面料的性能特点，通常与舒适、安全和健康有关。常见的功能性整理包括阻燃、防水和抗污。此外，控制缩水率、抗静电和防皱整理也被应用于面料。新的整理工艺，如抗微生物、抗菌和防腐整理也被用于时装业以及与健康有关的行业里。防紫外线、导湿和抗污整理用于提高纺织品性能。

美感整理

美感整理改变了织物的外观或手感。这类整理的应用技术范例有梳刷、轧光、轧纹、磨毛、硬挺整理、石磨水洗或酸洗。丹宁等纯色面料可以呈现出多种整理或水洗效果，为顾客提供多样性。

图8.8
做旧的表面给皮革和丹宁增加了丰富的时间维度

装饰物和辅料

除了纺织品和面料的趋势，在装饰物和辅料方面的创新也影响着时尚的方向。像流穗、蕾丝或新奇的贴花等装饰会创造新鲜感。辅料比如：纽扣、拉链、尼龙搭扣或腰带可以兼具功能性与装饰性。刺绣是通过用纱线、宝石或亮片在织物表面绣出所需设计来装饰织物。凭借手工技巧，也可以结合其他材料进行刺绣，如珍珠、大翎毛、羽毛或纱线。

在一些季节中，所挑选的辅料和装饰物的颜色是用于补充调色板的，而在某些季节中，它们与调色板相矛盾。正如首饰的趋势不断变化一样，此一时，采用大的装饰可能很时髦；而彼一

图8.9
水钻和亮片赋予晚装优雅的外观

图8.10
有亮片的纺织品可以用于服装、家居和饰品

时，小的装饰则可能会大行其道。在20世纪90年代，时尚界流行低调的装饰或辅料，因为当时极简主义的款式为大众广泛接受。在2010年，大的"宣言珠宝"最受青睐，服装和家居装饰也通过增加奢华的辅料和装饰体现出这种趋势。

纺织品创新

纺织业正在经历着一个革命性的时代并应用智能科技不断创新，这些技术将真正融入我们的日常生活和服装。尖端技术与传统纺织业的融合为这两个行业带来极大的鼓舞。工程师、材料科学家、软件开发人员、各行各业的制造商以及设计师通力合作，使新材料概念化并能够制造出来。为了设法满足许多未解决的人类需求，纺织品领域正在重新创造面料，使它们能够收集、储存并传递数据。在数据被储存起来后，高科技织物可以通过看、听、交流和储存能量来处理信息。

未来存在着许多可能性，制造商、高校和政府正在共同探索。纽约时装学院、德雷塞尔大学和康奈尔大学都相信纺织品创新将会是我们在

21世纪看到的最大的转变之一。许多公司已经成立，他们帮助客户创造和搜寻材料，为纺织品增加属性，使其改头换面。Material ConneXion（www.Materialconnexion.com）是材料创新领域的翘楚，他们的国际化综合性图书馆和资源中心为用户提供材料信息和指导，为创意过程提供便利条件。他们探索不同的材料并允许客户从不同的角度来看待问题，这可能会促成新发现。

可持续面料

随着对大自然和可持续面料的兴趣日益增长，取自有机棉、大麻、竹子、桉树、菠萝、大豆和海藻的纤维已成为替代品。一些纤维被认为是可持续的是因为它们生长速度快并且几乎不需要农药或水。

世界各地都在讨论和实施可持续纺织品这一主题。纺织品制造商正在实行一些变革来降低纺织品生产对环境的负面影响。通过使用可再生资源、资源保护、节能方法以及使用无害的材料和加工技术，行业正努力转向环境友好型加工方法。回收和升级纺织品可以降低垃圾填埋的沉积物，减少纺织品和材料的使用，而且可能会带来成本效益。为了充分理解不同的纤维、纺织品和

图8.11
在Material ConneXion的图书馆里，新材料与创新一览无余

最新的纺织品焦点

纺织品创新技术最先进的两大领域是可持续性和智能纺织品。对于可持续性，焦点在于可持续制造和纤维与纺织品的加工；对于智能纺织品，主要的焦点是嵌入了具有传导作用的电路的可穿戴产品。

——阿乔伊·K.萨卡尔（Ajoy K. Sarkar）
纽约时装学院纺织品开发与市场营销系副教授

材料对环境产生的影响，务必对其进行生命周期评估；天然纤维在周期开始时需要的能源较少并且最终会被分解。海洋里的塑料被收集起来用于制造新产品，正如我们看到的阿迪达斯跑鞋、法瑞尔·威廉姆斯（Pharrell Williams）的服装系列、G-Star RAW品牌使用海洋回收塑料制作的丹宁服装。

纺织品和材料的进步

近来的技术革新已经给纺织品和材料带来了发展，为消费者带来了独特和理想的用途。尖端

的技术和纺织品研究提供了新的方式来体验究竟材料能为我们做些什么。这些纺织品和材料分为以下几类：

- 功能面料
- 产业和工业用纺织品
- 智能纺织品

智能纺织品的挑战是保持时尚和性能的平衡。创新者正在开发和创造智能纺织品来吸引奢侈品市场。在过去的十年里，功能面料被开发出来，获得了消费者的接纳，引发了消费者的渴望。科技纺织品将会是即将到来的时代里的焦点。"科技开司米"已经被引入市场，尽管它的主要成分是粘胶，真正的山羊绒占比仅有一小部分，但是它模仿出了真羊绒的手感。

功能面料

- 导湿纺织品（例如www.coolmax.invista.com）是一种能够把水汽从身体带走并让皮肤感觉凉爽和干燥的性能织物。离开皮肤的水汽要么进入下一层服装，要么去到外面的空气中蒸发。可分区功能面料和更智能的纱线与纤维已经问世，它们将会基于实际情况和最终使用需求做出改变。针对服装特定区域的纺织品正在研发中，某些区域可能需要更多的导湿控制，这时纺织品经常使用多层原理，一层可以控制湿度，而另一层控制热量或吸收水汽。

- 温度敏感纺织品不仅非常吸湿透气和轻薄，并且还能调节体温。这种材料用石蜡处理过，当体温升高时，石蜡变得更加液态化，这样使得热量能够穿过服装。当体温降低时，石蜡会变得固态化，将热量保存在皮肤附近。这种织物可膨胀可收缩，能很好地适合每个人的体型。

图8.12
为了减少纺织品生产对生态系统的有害影响，人们引进了可持续发展的面料

• 防风、防水或防晒的功能是由外层来提供的。为使其本身能适应环境，新的自适应材料正在研发和制造中。对于防风功能，成衣设计必须设有能够安全闭合的开口，来阻止空气渗透进内层衣物。为了避免阳光暴晒，可以用纺织品、服装和饰品来阻止太阳的辐射到达皮肤。

产业和工业用纺织品

• 光纤织物是一种由超薄纤维制成的独特织物，它能够通过先进技术发光。这些纤维连接到发光二极管，光通过纤维进行传导，产生了一种发光效果。当光导纤维和其他人造纤维织在一起时，能制造出多种颜色。

• 蜘蛛丝纤维极其坚韧，能够用来制造不同的高强度生物医疗器械。科技能够改造蜘蛛和其他生物的基因，例如山羊，来大量生产这种类型的纤维。蜘蛛丝纤维的一个可能应用是制造比目前使用的材料更轻、更灵活的防弹服装。

智能纺织品

• 利用纳米技术的纺织品（www. nanotextiles. human.cornell.edu）通过创建纳米层控制化学物质在织物层间的移动，为传统的纺织品增加了功能和价值。这门技术可能会用于防护服的生产，可保护穿着者免受生物战的影响。

• 电子纺织品是通过用金属涂层覆盖聚合物纤维，制造出坚韧且灵活的股线而开发出来的。它一度被认为不适合于服装，但纺织工业现在正欣然接受这种新技术。穿着者能够体验多种功能，从控制体温到监测医疗状况。未来，这种创新的技术可能会允许人们穿着的服装与电子设备相连，例如手机、计算机设备或音乐播放器。相关研究正在进行中，以便为太空旅行、军事用途以及执法机关日益提升的需求提供电子纺织品（www.sti.nasa.gov）。

• 可伸缩电子油墨有一个印在纺织品上的耐用电路，它灵活舒适，并且能够用在运动服或健康监测服中。这种油墨是导电纤维束或导电纱线的一种替代物，也是可穿戴电子产品的一种新选择。

如何进行纺织品和材料预测

第一步：确定纺织品和材料的理念

正如主题开发和色彩预测一样，纺织品和材料预测也从调研开始。通过了解纺织品的基础知识、术语和组织结构的细节，预测者开始寻找新奇事物来添加到自己的信息中。为了进行预测，预测者还要考虑装饰物、辅料、点缀和材料。

纤维生产商、纺织品制造商和贸易协会在贸易展览和面料博览会上展示面料和纺织品的最新发展。贸易展览能够聚焦于季节主题或者在纤维、纱线、纺织品、印花、染色过程和新整理工艺方面的创新。时尚专家会参加面料博览会，他们为各种时装市场物色面料和平面设计的创新系列。设计师和制造商也能发现新的供应商、寻找材料、了解最新发展并订购样品。在展会上，预测者和咨询顾问会展示趋势资讯并提供关于色彩、面料、新款式和廓形的报告。借助展会的契机，科技和营销领域内杰出的行业专家经常举办研讨会。

一些重要的展会包括：

• 第一视觉展（Premiére Vision）——法国

前瞻者

集成电子学

作为当红趋势，集成电子学是一个非常发达且具有独创性的领域，然而，它如何大规模应用或执行仍是未知。尽管目前这些产品看上去还有赖于其新颖性，但这种状况不久就会改变，因为其功能性正在提高，而且已经找到了合适的功能性服装。关键是要看这些电子产品如何融入日常生活。创新有时源于公司应用程序的内部开发，有时则是因为消费者需要解决某个问题或需求。

——萨拉·霍伊特（Sarah Hoit）
Material ConneXion资深材料科学家

- 国际面料展览会（Texworld）—— 美国
- 法兰克福国际家用及商用纺织品展览会（Heimtextil）—— 德国
- 佛罗伦萨国际纱线展（Pitti Filatiin Florence）——意大利
- 米兰纺织展（Milano Unica）—— 意大利
- 上海国际流行纱线展（Spin Expo）——中国
- 上海国际纺织面料及辅料博览会（Intertextile Shanghai）——中国
- 台北纺织服饰展（Titas）—— 中国

伴随着展会的进行，大多数面料公司会在他们的产品展厅内接待客户，或者派出代表去追踪人们感兴趣的产品。代理人也会让客户了解展会上的最新信息，包括最炙手可热的产品和最有趣的物品。由于纺织品和服装是在全世界许多国家制造的，所以这些展会展出了最新的服装面料系列并向全球多样化的客户提供这些产品。

T台展演也给了预测者深刻的见解以及对纺织品、材料、装饰和辅料趋势的确认。如果在系列中发现了新的创新，预测者会识别这种新颖性是因为新的纤维、整理工艺还是其他与纺织过程相关的变化。质感上的变化往往会为即将到来的纺织品趋势提供线索。有时这种新颖性是以原创的方法融合不同的组织结构而产生的，有时创新则是从过去的时代灵感衍生出来的。

在巴黎秀场系列发布后，Fashion Snoops在网站上呈现了他们观察到的纺织品趋势变化："在主要的时装周落下帷幕之时，巴黎证明了透明面料是本季最重要的表达。正如我们在其他城市看到的那样，真丝雪纺、欧根纱和网眼布全都是透明的，在巴黎，薄纱本身即成为主题。蕾丝也是重头戏，从衣身和层叠到装饰。"这种观测结果不久之后还会用于时尚预测的纺织品部分。

纺织团体、面料生产商和委员会、商业出版物和面料图书馆也为预测者提供信息和想法，预测者借此拓展自己进行调研的可靠渠道。

零售面料商店、古着店或者二手服装品牌折扣店都是预测者去做调研的地方。预测者可以通

图8.13

第一视觉展上的面料陈列的重点是新的纺织品趋势

过互联网对纺织品和材料进行调研，在网上能找到大量的信息（例如www.moodfabrics.com或www.nyfashioncenterfabrics.com）。网站在销售产品时，经常会同时提供关于纺织品名称、描述、建议的最终用途等详细信息以及各种颜色的纺织品图像。预测者还能在看似不可能的地方找到材料，例如大自然、五金店或者超市。

第二步：收集面料和材料

　　面料小样是为了进行预测而收集的面料或材料的样品。纺织品公司使用面料贴样、成分规格、纱线圈来展示可供选择或开发的面料。预测者收集实际的样品或任何感兴趣的纺织品或材料的图像，包括过去表现优异的、常用的，或者是市场新品。预测者收集能够完美契合主题与色彩故事的纺织品和材料。有时纺织品、印花、图案或质感启发了一个新的主题或者是另外一个色彩

图8.14
设计图书馆是世界上最优秀的设计师资源之一，拥有大量古玩、古董、现代和当代纺织品的历史收藏品，可供当今使用

故事。材料可以是应用平面设计技巧的艺术创作，例如手绘、蜡染或者是混合媒体拼贴画。材料也能成为开发新纺织品的灵感，预测者会把这些物品加入报告中。

第三步：编辑、诠释、分析和预测辅料和原材料故事

　　在面料、材料和装饰收集完毕后，预测者会把它们组织到一起并分类。相关的物品被归为一组，那些重复的想法便显而易见。对各种各样的纤维、组织结构、质感和颜色的关注使故事具有吸引力。款式、颜色和图案的相似性开始显现，趋势即浮出水面。在发展一个有凝聚力的故事时，预测者经常会对孤单的物品进行编辑。预测者必须对这些选择进行诠释和分析，他们努力去理解为什么特定的故事结构具有被广泛接受的潜力。最后，预测者进行预测，展示那些能够概述主题概念的纺织品和材料。

　　面料故事中包含的材料是特别适合的想法或生活方式，具体取决于主题。例如，在故事"巴黎浪漫曲"中，轻薄的雪纺、绸缎、精美的蕾丝、镂空式钩针和透明网眼等面料适合于以女士内衣为灵感的趋势。

图8.15
戴维·沃尔夫
（David Wolfe）
的插画说明了
如何将不同的
纺织品和图案
巧妙地融合
在一起

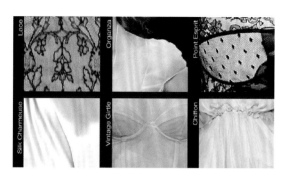

图8.16
集中呈现能够唤起迷人的浪漫感觉的女装面料，以支持面料故事

第四步：确认面料和材料

在选择了面料故事后，预测者必须通过生动的描述和材料的准确信息来表达这个故事。使用纺织品术语和词汇可使预测更容易理解。预测者使用关于纤维、纱线、织物结构、色彩和整理的细节来描述这些材料，就像前文所述，他们使用更科学的方法来传达这份预测。预测者也描述材料的美学品质，例如外观、手感和质感，来传达所选材料的更加艺术化的方面。关于性能品质的细节可以让人们深入了解纺织品是如何发挥功能或表现的。通过把描述与适当措辞结合起来，预测者就能开发出一份纺织品预测。

第五步：编写关于纺织品和材料的故事

关于选择纺织品、材料、装饰物和辅料的故

事描述了每件物品的信息，并提供了把所有选择视为整体的总结。每件物品都用与其风格名称相关的名字或者其灵感源来解释。可以借鉴某些特定物品过去的用途来表达纺织品的演变，或者以这种纺织品最后流行的历史时期来命名。例如，以20世纪30年代旧式好莱坞式的优雅为灵感来源的故事能够通过宣告华丽绸缎的回归来阐述材料预测，聚焦于20世纪70年代面料趋势的故事可以解释有质感且多彩的拼布图案的复兴。

随着预测的各组成部分逐渐成形，预测者必须不断重新确认所添加的新资讯有助于支持整体的主题。

在预测案例"岛屿微风"中，出现在展板中的纺织品、材料、装饰物和辅料都是天然可持续的面料，包括有机棉、大麻织物、竹纤维小提花织物和一种生态友好型的聚甲醛玫瑰纽扣。在田间生长的棉花图像强化了主题对大自然的关注，朴实的面料创造出了一种舒适、放松和轻快的感觉。

总结

为了明确地表达纺织品和材料预测，预测者需要了解纺织品、装饰物、辅料和材料，包括它

们是如何生产的。为了恰当地预测未来时尚的微妙变化并有效地报告这些发现，预测者需要拓展关于纺织品的词汇表和语言。预测者不仅需要了解纺织品的基础知识，还要了解纺织品的历史并关注新科技和新兴面料，才能做到与时俱进。

关键词

醋酸纤维

腈纶

应用

漂白

烂花

配色

不褪色的

图8.17
在"岛屿微风"面辅料的趋势板里，埃莉卡·马哈茂德（Erica Mahmood）提供了支持生态友好的范例

棉	聚合物
数码印花	印花
拔染印花	粘胶
多臂组织	防染印花
染色	缎纹组织
电子纺织品	丝绸
刺绣	纱结
织物结构	氨纶
纤维	蜘蛛丝纤维
光纤织物	喷丝头
辅料	可持续面料
整理	面料小样
亚麻	挂毯
植绒	温度敏感纺织品
手感	纺织品
纱线圈	纺织品故事
提花组织	纳米技术纺织品
针织织物	装饰
亚麻	斜纹织物
织机	种类
人造纤维	经编织物
材料	纬编织物
单色	毛
纹样	机织物
多色	纱线
非织造面料	
尼龙	
平纹组织	
涤纶	

相关活动

1. 按照步骤进行纺织品和材料预测

第一步：确定纺织品和材料的理念

第二步：收集纺织品和材料

第三步：编辑、诠释、分析和预测纺织品和材料的故事

第四步：确认纺织品和材料

第五步：编写纺织品和材料的细节

2. 识别新的面料趋势

参观当地的纺织品贸易展会、网络预测网站的纺织品预测，或者CottonInc. website（https：//thefabricofourlives.com）。在你最喜欢的本地零售商的某个部门寻找近来被用于服装的面料，识别最新推出的主题，判断新奇感是由纤维、色彩、图案还是其他创新带来的呢？

3. 创建一份面料杂志

创建一份面料杂志，把杂志分成与特定主题相对应的几个部分，识别新兴的故事结构并收集图像。注明不同类型的材质，为每种选择提供名称或贴上标签。

4. 辨别面料是经典的还是潮流的

收集被认为经典的面料小样，收集被认为潮流的面料小样，确认其名称。

5. 调研新的面料技术

寻找关于新的面料创新的信息，联系新面料的供应商并索要面料信息和小样。报告新的技术进步。创建预测，说明这些面料可能会用于哪些服装。

9

款式

目 标

· 理解款式预测的流程

· 回顾设计元素和原理

· 探索设计中的创新

· 拓展用于描述风格和服装细节的词汇表

· 学习如何进行款式预测

预测者如何感知设计审美的转变？产品的外形如何影响款式？服装廓形是如何从某季主导的性感的沙漏形变成下一季流行的棱角分明的极简主义造型的？为什么某年流行几何形状与光滑的家具，而来年又变得舒适与柔软？为什么某一时期的建筑风格以简洁的外形和极简的装饰为特征，而之后又变成以有机花朵为灵感的图案和流动的形态？

什么是款式预测

款式预测聚焦于设计元素、原理和创新。预测者确认形状、廓形和能提升整体款式的特征组合。这个过程包括调研不同的设计实践之间的异同点，然后编辑、诠释、分析和预测即将来临的款式方向。通过观察设计的变化，预测者就能够形成对即将流行的款式的预测。

设计元素

设计元素是产品设计的组成部分，包括线条、廓形、形状和细节以及颜色、质感和图案（在前几章中讨论过）。

线条

　　线条具有许多能影响设计外观的特质。线条具有方向——水平、垂直或斜线——以及诸如宽度和长度的特质。在设计时应用不同类型的线条能够影响单品的个性，例如，垂直的线条能创造

出细长的、苗条的外形，而水平线则会将注意力吸引到宽度上。

　　斜线通过让目光移动来创造运动感。服装外轮廓的线条决定了它的形状或廓形。

廓形

　　廓形是一件设计作品或服装的整体外轮廓或外部形状。廓形是一种用形态和空间来创造款式的单维图形。设计作品的廓形可以用几何学术语来分类，如圆形、椭圆形、长方形、圆柱体、球体、圆锥体、三角形或正方形。服装的廓形也可以使用字母表中的大写字母来描述：A型或A字型，T型或和服型，或者V型或上宽下窄型。

　　描述整体廓形的词汇对于传达特定设计的款式至关重要。正如形状本身，用于描述廓形的术语也一直在变化。使用恰当的流行语能帮助预测者传达出微妙的变化和新奇感。预测者可以把圆润的廓形描述为茧形，把灯罩形的裙子或蓬蓬裙描述为大摆裙；圆筒形运动装可以更有效地描

图9.1
线条的大胆应用为Missoni度假系列带来了活跃感

图9.2
服装的廓形可以描述为A型、T型或V型

述为长而直的无袖上装搭配纤细的紧身半裙。例如慵懒的毛衣、简单的女子紧身服装或直筒式连衣裙、传统的亚洲和服式裹身裙，或贴身剪裁的优雅筒裙，在描述廓形时使用这些术语显得更风雅。在建筑界，圆形支柱有助于定义秩序，因为垂直的支撑元素能给人一种力量和组织的感觉。也可以用特定的历史时期或文化来描述服装的廓形，如20世纪20年代摩登女郎、帝政风格或哈伦裤。

细节

服装内部的线条塑造了细节，比如领子、领口、袖子、褶裥、省道、口袋和结构线。几条线的组合或不对称的线能引起视觉上的兴趣。一些点缀和装饰，如刺绣、纽扣、拉链、贴花和缎带，能进一步强化服装的款式。田园衬衫的细节包括有褶饰边的领口、抽碎褶的领口、新颖的系带领口、露肩不对称领口、飘逸的主教袖，或者荷叶边及肘袖。风衣式裙装的细节可能包括明线装饰的平驳领、垂褶翻领、黄铜拉链、男装贴边口袋、装饰纽扣如双排扣，或者底摆的复古刺绣。新饰品的细节包括彩色编织的皮革外观、行李箱风格的线迹、明亮的金色带扣、磁性吸扣以及工业风格的螺钉和铆钉。

设计原理

设计原理通过组合使用设计元素来创作令人审美愉悦的款式。比例、平衡、亮点与和谐都是设计原理。

图9.3
不对称的压褶细节打造出时髦、现代的风貌

比例

比例是用来把一件服装分成几部分的标准。例如，通常用水平线把设计分为几个部分，如腰围线、臀围线或肩线。一件短款连衣裙可以通过在腰部设计一条线来实现等比例，不对等的比例则不是通过设置在中间的线，而是通过接近服装顶部的一条夸张的肩部育克分割线创造出来的。为了进一步解释裤子的比例，可以用诸如高腰、低腰风格或加长款等词汇来描述裤子的款式。对于裙子的描述可以是：肩部有装饰性育克的直筒连衣裙、低腰裙或郁金香短裙。

平衡

平衡是一种均衡或平均分配的状态。对称的

设计是两侧相对平衡或者完全一样的，而不对称的设计是两侧不同的。不对称的设计可以在添加细节之后变得均衡，例如大胆的形状和颜色可以改变平衡感。图形化的条纹和色块可以为设计增添玩乐气氛，在拼接连衣裙里结合亮色的格纹和柔和的碎花图案可以为整体款式带来平衡感。

亮点

亮点是一件设计作品中引人注目的地方。设计师可能会用线条或色彩来引导观者看到设计的某个方面。Jil Sander品牌的设计师拉夫·西蒙（Raf Simons）在最近的系列里用撞色蜂腰小裙摆作为亮点，光学条纹也是直筒连衣裙引人注目的地方，珠绣或闪亮的装饰品通常是晚装的亮

点。在室内设计中，一个房间可以通过恰当摆放艺术品或装饰物来创造亮点。

和谐或不和谐

当所有的设计元素和原理完美协作并创作出令人审美愉悦的设计作品时，才能达到和谐。不和谐是由于缺乏协调造成的，并且往往是由于故意打破既定规则造成的。不和谐的案例有20世纪90年代的乞丐装和21世纪早期由于时尚与社会规范背道而驰而兴起的"解构主义运动"，这些设计原理的激进转变改变了人们思考和看待设计规则的方式。

设计创新

设计创新是一个考虑产品能为个人做什么的过程。通过用现代方式理解设计潜力，人们能发现产品的意义并与之建立个人联系。消费者可以通过产品设计来探索他们的欲望与态度。例如，"体验式设计""生活方式"和"记忆与意义"等措辞是当前商业词汇中新的流行语，它们

图9.4
出现在街头的奇装异服

前瞻者

与众不同之路

说到时尚，人们，尤其是儿童，想要借由外在穿着来表达内心感受。这是自我表达的一种形式。因此，在人们呈现自我时，我们看到了一种日益向个性化发展的演变。

——罗丝安妮·莫里森（Roseanne Morrison）
多尼戈创意服务机构女装和成衣时尚总监

被用作产品的设计创新与营销创新的新标准。在消费者努力探寻意义和归属感的同时，有远见的设计未来学家在探讨产品的影响力，在创作趋势之外的设计或者有力量影响文化的廓形。由于全世界是通过科技联系在一起的，未来将与在文化上具有重要意义且所有人都触手可及的卓越的设计作品息息相关。

寻找款式来源

为了捕捉灵感，我和我的团队至少提前一年去世界各地旅行，尤其是去巴塞罗那寻找女装的灵感以及去阿姆斯特丹寻找男装的灵感。社交媒体、博客页面等网络资源已成为我们为全球品牌寻找想法与设计灵感的丰富资源。此外，我们展望音乐行业以及即将走红的男孩和女孩乐队来寻找方向。Paul Pessler的零售报告反映了不断增长的男装市场的动向。我们还使用WGSN和Fashion Snoops的预测服务。像Close-Up这样附有全部秀场图片的趋势杂志也是有用的工具。我们参加面料与印花展会，并且每季度都去会见生产印花、毛衫和丹宁的公司，让他们帮助我们选择最适合设计需求的资源。作为被许可方，我们从Tommy Hilfiger驻扎在阿姆斯特丹的创意办公室获得设计与营销的方向，以此在款式和感觉上保持品牌的凝聚力。

——梅辛纳·达库尼亚（Messina DaCunha）
汤米·希尔费格全球品牌童装销售与设计副总裁

如何进行款式预测

第一步：制定款式和廓形理念

当设计元素、原理和创新累积在一起时，每个部分都在整体款式中发挥作用。在对款式预测进行微调时，预测者必须找到重复的形状或细节。当某些廓形重复出现或服装形状的微妙转变已显而易见时，就可以成为款式变化的开端和演变。正如主题、色彩、纺织品和材料预测一样，款式预测也从调研开始。T台秀、时装杂志、零售商店、互联网、博客、古着系列和街头充满了各种款式的例子。同样，预测者也在非服装市场寻找款式概念，对新技术的调研能够引领预测者。预测分析传达了可操作的、由消费者生成的实时数据，这给新产品的设计、选款、定价和营销带来极大的信心。

艺术、建筑和室内装饰风格的转变给了预测者一些线索。创意团队、数据专家和零售商之间通常会共享信息，他们会对时尚廓形的转变发表深刻的见解。

通过识别新兴的款式和生活方式的趋势，预测者便开始感知到未来将被广泛接受的款式。不同的设计师、时装品牌和零售商具有各自的

图9.5
传统的Louis Vuitton行李箱系列的外观发生了现代化的转变，引入了涂鸦风格的字母和图案

图9.6

戴维 · 沃尔夫
（David Wolfe）
的插画展示了他
预测的重要廓形

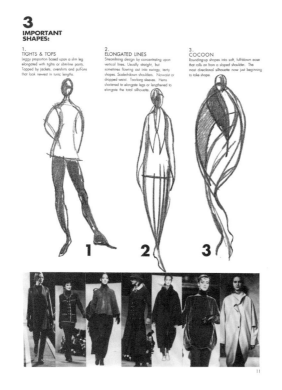

方。趋势顾问团队会去调研新颖的和新兴的地点，并把信息反馈给预测者。

第二步：发展款式和廓形的故事

预测者使用不同的方法来收集信息：收集图片和杂志简报、画草图或拍照。预测者借助个人笔记、记忆或对话，结合本能和直觉，去发觉并检查变化的预示。了解客户及其市场对于挑选合适款式的过程很有帮助。预测者、商店和制造商之间的沟通是了解接下来生产什么的关键。零售商能为预测者提供例如最佳销售单品的信息，预测者能够分享接下来的流行趋势。有时买手不情

风格特点、品牌认知和特定目标市场，这帮助他们确定款式和定义产品精神。例如，拉夫 · 劳伦（Ralph Lauren）品牌的Polo衫闻名遐迩，它的学院风图案、复古的廓形和经典的颜色定义了该系列的生活方式和情绪。又如，富贵猫（Baby Phat）或洛卡薇尔（Rocawear）等公司打造的都市时尚首先吸引了嘻哈音乐和嘻哈文化的追随者，而反戴的帽子、低腰裤和涂鸦印花已融入主流时尚，迎合都市时尚追随者的需求。

有些地点和活动是所有时尚预测者调研信息的必去之处，但是在寻找最佳信息时，至关重要的是知道去哪里寻找特定的客户或目标市场。为了寻找青少年市场的新鲜事物，社交媒体成为调研的关键，并且病毒视频和博客也会受到调研者的关注。以地下乐队为特色的俱乐部、创意咖啡馆和餐厅以及新艺术画廊都是可以去探索的地

图9.7

Missoni系列中充满了活泼的颜色和颇具部落特色的图形，融合了来自世界各地的多元文化风貌

愿去尝试新的风格,那么图片就可以帮助他们理解这种趋势的重要性,并且给了他们领先一步的自信。在收集完毕信息和图像后,故事就被发展出来,将一组组展示服装和与服装无关的物件的图片纳入其中。

第三步:编辑、诠释、分析和预测款式与廓形故事

在调研完成后,预测者开始进入编辑程序。通过把类似的款式分组,预测者就能开始看到重复出现的时装廓形和细节。这个过程的目标是要建立款式的分类。这些服装是因悬垂物、褶饰边还是褶裥而形成蓬蓬感的?这些款式看上去是时髦的、简洁的还是经典的?它们强调的是胸部、腰部还是臀部?哪些装饰又卷土重来,是刺绣、

宝石还是蕾丝?可以看到哪些辅料,纽扣还是拉链?这一特定的搭配是否容易辨认?某些形状是否也出现在家居装饰中?一些特定的形式是否也出现在最新的科技产品中?在预测者确定了相关分类后,这些与主题、颜色和纺织品预测相一致的款式也就能够被挑选出来,用于支持整体预测的信息。

预测者在打磨重要的款式或创意想法时,要将其选择的目的或目标市场铭记于心。时髦的快时尚制造商或零售商需要能够吸引消费者的款式,这些款式要与那些能够吸引较保守的消费者的款式有所区别。无论市场如何,某些款式会成为"时尚大片",而有些款式则会成为"花边新闻"。人们可以把这个编辑的过程看作把最新趋势浓缩成一个特定的点,同时要记住,某些时尚品会成为长期趋势,而其他的只是昙花一现。预测者要想做出最后抉择,他们必须成为娴熟的编辑。

通过提问引起社会求变欲的原因或者思考趋势背后的动机,诠释和分析就此展开。预测者努

力去解释为什么有可能会发生这样的变化。时尚的演进总会有个原因，存在某种因果关系。

例如，近来出现在T台和街头的最值得注意的趋势之一便是部落风的全球融合，一种非洲和美洲原住民文化的混合成为最现代化的造型。一个民族希望保留根源、习俗和民族身份的渴望助长了这种部落趋势，它使用了丰富的民族特色图案并借鉴了诸如美洲原住民纹样、蜡染、伊卡特（纱线扎染织物）和泥布等土著文化。土耳其式长衫和斗篷是关键的时尚单品，其饱和的调色板中有丰富的棕色、靛蓝和以非洲为灵感的高纯度原色。这些款式已出现在Gucci、Missoni和Louis Vuitton的秀场和科切拉（Coachella）音乐节。

当下的年轻人也深受媒体和名人的影响。通

图9.9
苹果公司的iPhone工艺精湛，大获成功，成为各个年龄段的人都想要的热门产品

过效仿名人的生活方式并追随他们的时尚引领，青少年的款式已变得似乎更加适合于舞台而不是教室或街头。那些能吸引眼球的戏服风格装束已作为一贯的日常穿着被接受，包括透视上衣、卡通类款式、把女士内衣和睡衣作为白天的穿着，以及古怪的发色和鞋子。青少年夸张造型的效果是他们渴望得到关注与注目的宣言。

另一项重要的分析是确定趋势的节奏或速度及其影响的范围。预测者必须问这样一个问题：

图9.8
街头上的年轻女郎造型引人注目

前瞻者

创新将会引领未来时尚

工业和产品、方法以及理念的创新就是我认为的未来时尚所在之处。想象一下，如果一个服装制造商想出了一项服装创新，就像iPhone对通信和科技的影响那样，那么每个消费者都会对新产品争相购买。时尚领域的纺织品部门可能会出现这种现象。

——戴维·沃尔夫（David Wolfe）
多尼戈创意服务机构创意总监

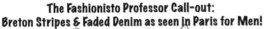

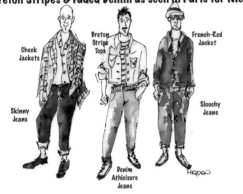

图9.10
马克·希格登（Mark Higden）在插画中使用时尚词汇来描述男装

这个款式是一个有远见的创意火花、导向性的时尚单品、过度饱和的款式，还是一种即将终结于过度的趋势？

除了确认款式的驱动力、时间和潜在影响，预测者还要辨别这种款式会成为小趋势还是热门单品。小趋势可能会吸引某种特定风格部落或生活方式的时尚追随者。尽管这种款式会被该群体的大多数成员接受，但是这个群体本身可能就不足以庞大到在更广泛的大众市场中支撑这个款式。单品是一件特别的设计或产品，是必买之物，它能激发不同市场的兴趣，能吸引不同人口统计特征的消费者。iPhone就是这种产品的例子，因为它已被不同年龄段和经济收入的人群接受。

当分析完毕后，廓形的预测就可以以主题作为收尾。预测者挑选出最为可能的案例的图像或插画来传达预测信息。除了照片，款式图或款式草图可能会被创作出来用于展示预测的款式。来自许多不同市场的图像有助于展示主题普遍化的可能性，并支持主题可能会对各行各业产生的影响。作为展示的一部分，服装的图像可能会按照不同的目标市场分组，包括从设计师层面到大众市场的女装、童装和男装。为了说明预测在非服装市场的可行性，还会把室内设计、建筑、饰品、化妆品、艺术和工业设计的图像纳入其中。

第四步：指定款式名称

当图像挑选完毕并且选择它们的原因也已经明晰时，预测者会描述这些款式，使用既定的专业术语来定义这些图像和理念。纵观历史，早先确立的廓形和细节已被命名，预测者必须去熟悉它们，并且使用既定名称来准确地识别这些款式。创新的款式需要使用原创的词汇或表达。比如说，近年来"男友式夹克"成为流行词，这与女士穿着男士夹克的造型有关。预测者必须对与时尚相关的语言趋势保持敏感并与时俱进。因为我们重度依赖网络检索，所以调研受到关键词的驱动。必须仔细挑选准确而浅显易懂的术语，从而帮助预测者寻找想要的信息和产品。在选择术语时，必须要有宽泛的词汇和具体的词汇且保持平衡。预测者必须能够识别款式并拓展词汇来明确表达每个款式。

图9.11
在"岛屿微风"的第一张廓形板里，埃莉卡·马哈茂德（Erica Mahmood）展示了服装的休闲氛围

图9.12
"岛屿微风"的第二张廓形板展示了朴实的、自然的饰品和鞋子

图9.13
"岛屿微风"的第三张廓形板说明了这个主题可以转化为室内设计和家居装饰市场

边缘的少数民族风格刺绣打造出动感。这些廓形能够适应各种体型，深受女性欢迎，让任何穿着这些款式的女人感觉自身充满女性魅力。

在"岛屿微风"的廓形故事中，饰品和鞋子等非服装物品的意义在于衬托已选出的宁静款式。朴实的耳环借鉴了源于大自然的形状，有机项链是用收集来的石头和沙滩上找到的大海珍宝制成的。鞋子设计得轻松随意但不失现代感，让人融入岛屿环境。这些单品强化了无忧无虑的外观和风格。在家居装饰和室内设计中发现的零星物品整合了趋势中的所有元素。天然有机棉的床上用品和枕头上质朴灵动的图案营造出了有吸引力的居家环境。风干的木头、新鲜的花朵和以沙滩为灵感的植物装点着这种生态友好的海岛风情。

总结

预测者进行款式预测时，必须把设计元素、设计原理和设计创新考虑在内。形状、廓形和设计特点都影响着整体款式。预测者寻找新兴款式的线索并收集证据来支持主题。通过编辑，预测者把所选款式组织起来。通过诠释和分析的过程，预测者质询为什么这些时装款式会发生演变，然后预测它们的变化。款式预测用视觉图像来强化主题概念，并进一步定义相关款式。预测者使用时尚术语中既定的时装词汇和流行语来为预测中的款式命名。款式预测中的写作部分是为展示部分的脚本做准备的。

第五步：编写关于款式和廓形故事的细节

准备款式预测的最后一步是写下用于展示的信息。一份精心编写的对形状的书面解释包括创作者对原创作品的命名、廓形的描述和各种细节。如果使用恰当，一份完备的廓形和形状词汇表不仅可以明确表达款式预测里的特定单品，还可以把整个项目的记忆与氛围联系起来。

预测案例"岛屿微风"中展示的服装廓形非常飘逸、放松。无论是太阳裙还是泳衣，这些款式都给人一种朴实和放松的气氛，一种完满的感觉。不对称单肩上衣用柔软的花朵作为贴花装饰。亚麻抽绳裤和自系腰带的休闲短裤款式简洁，适合运动。连衣裙、半裙、A型上衣和衣身

关键词

平衡	亮点
设计元素	和谐
设计创新	热门单品
设计原理	线条
细节	比例
不和谐	廓形

相关活动

1. 按照步骤创建款式预测

第一步：制定款式和廓形理念

第二步：收集图像、草图或创建款式图

第三步：编辑、诠释、分析和预测款式故事

第四步：确认款式和廓形

第五步：编写关于款式和廓形的细节

2. 创建款式拼贴画

从杂志中收集服装或家居装饰的图像，把类似的款式或廓形的服装归为一组，创建电子版的图像拼贴画。

3. 拓展时尚款式的词汇表

确认即将流行的款式和当下流行的款式，用既定的时装词汇为其命名，并创造新的流行语来描述这些款式。用图像来创建你自己的时尚词典。

4. 创建一份款式杂志

把时髦款式的图像放在由你创建的日志中。每周都向里面添加一些新出现的内容，包括想法、图像和评论。用这份日志来追踪款式的演变。